樓市[illegible]勝

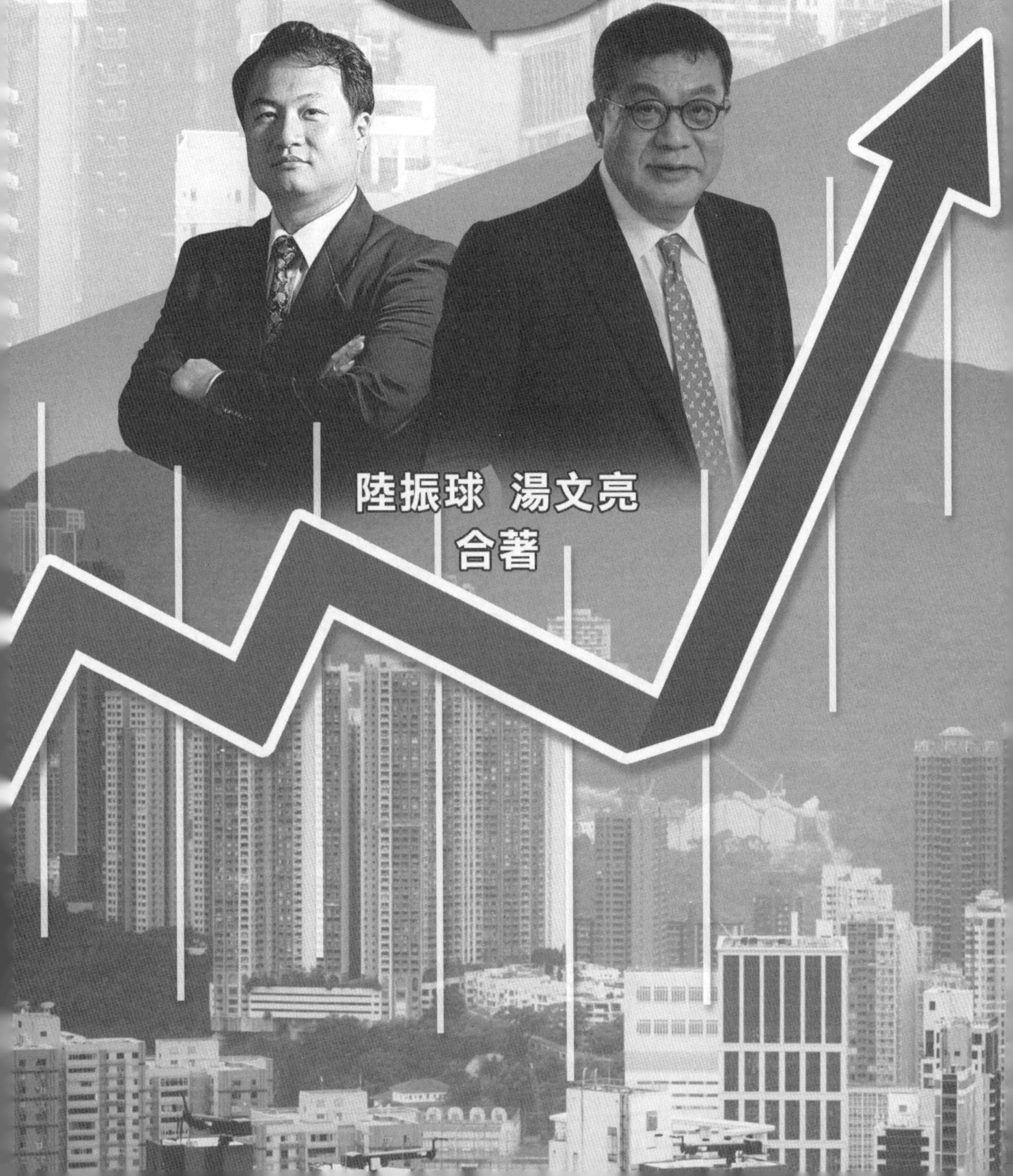

陸振球 湯文亮
合著

序

化危為機　逆市轉勝

自 2013 年開始的香港樓市大升浪，於 2018 年第 3 季似有見頂跡象，之後半年樓價跌了 1 成，後市會否繼續調整甚至急跌，成為不少業主及物業準買家極為關心的問題。由於香港樓價大漲小回了足足 15 年，不少人尤其是年輕的一輩，形成了樓市只會升不會跌的想法，如樓市確認見頂向下，他們便可能不知所措，不曉得如何應對，皆因其從未經歷如 1997 年至 2003 年的大跌市。

本書的兩位作者，一位是從事物業投資超過 30 年，協助家族的紀惠集團（2019 年福布斯香港富豪榜排名第 25 位）由 500 萬元起家，至今已建立市值達數百億元的物業王國的

湯文亮博士，其實戰經驗不容置疑；另一位則是從事地產新聞工作 20 多年，曾採訪數以百計地產高手的《明報》投資及地產版資深主編陸振球，曾編著多達 13 本地產投資著作。二人都曾歷超過四分之一個世紀的香港樓市多個升跌浪，在樓市有可能出現深度調整之際，提供對後市的深入分析和應對方法，豈容錯過？

　　面對逆市，一些人或只懂得怨天尤人，又或作消極應付，但其實如能早作備準，反而是極佳的投資部署好機會。本書名為《樓市逆轉勝》，便是希望可以幫助大家化危為機，逆市轉勝！是為序！

紀惠集團行政總裁　　**《明報》投資及地產版資深主編**
湯文亮博士　　　　　**陸振球**

目錄

湯文亮：
樓市逆轉 如何致勝？

有很多人看到這本書的名字《樓市逆轉勝》，會認為我自認威威，因為我預測 2018 年樓市是先升後跌，與大多數坊間的預測不同。事實上樓市在 2018 年年初一直上升，直到 8 月才開始回調，不過幅度就不是很大，若果以中原指數計算，全年仍然上升 5.6%，所以我仍然不能講逆轉勝（估錯變估對），只不過輸少一些。那些人不明白，如果要用指數來表達樓市升跌，就應該用差餉物業估價處的數據 —— 去年全年差不多沒有升跌。

先升後跌的意思

不少人認為，就算樓價在 2018 年全年打和，我只不過是贏少少，絕對不能用勝利來形容，我絕對同意。不過，如果打算買樓的人了解先升後跌的意思，就可以獲得大勝，而不是小勝那麼簡單。其實又何止是「逆轉勝」，因為知道樓市在下半年下跌，便不會在上半年買樓，而且，樓市並非在 2019 年初便止跌回升，而事實上樓市仍然會繼續下跌，坊間一般說法是大約會由高位跌接近 30%。

如果認為樓市全年都會繼續上升、上半年為買樓好時機的話，那些人可以說是摸頂買樓；如果以高成數按揭買樓的人，隨時可以變成負資產者；這就是先升後跌，以及全年皆升的分別。分析出錯，在跌市便要捱價，甚至可能捱不到樓市低潮過去而沒頂；相反如能保持實力，便可等待出低位筍貨的機會，出現跌市反而是好事，能夠「逆轉勝」！

樓市下跌只因強弩之末

有不少人認為，林鄭做了行運醫生，樓市在連升15年之後，雖然期間亦略作調整，但整體樓價仍然急速上升，不過，亦到達了強弩之末的地步，只要政府針對性出招，樓市整體就會急速下跌，就算政府不出招，或者加重現有的辣招，樓市一樣會下跌。有這種想法亦不能説他們錯了，只不過是不理解樓市的結構性問題。

老實説，政府又怎會不知道樓市上升是因為供應不足，問題是他們怎樣解決。曾梁2位特首選擇推出辣招印花税來壓抑樓價，梁特首雖然很落力，亦提高了供應量，但地產商亦有相應對策，就是持貨不賣，或者逐少逐少賣，令到市民誤會政府沒有辦法解決土地供應老問題，樓價會無止境上升，引致一些非剛性需求，政府若非制定有效措施，樓市離強弩之末還有一段長時間。

令樓市下跌的殺着

樓價上升的一個主要原因，就是地產商持貨不賣，有人叫這是囤積居奇，地產商能夠這個做是因為利息長時間處於超低水平，持貨不賣的成本很低。所以，即使政府努力推出土地，但地產商不落力推樓，在供不應求之下，樓價唯有向上升。

政府是了解實況，在2018年初已經放風要推出新樓空置税，地產商無甚表示，反而有一批學者及立法會議員替地

產商講說話。他們紛紛表示新樓空置稅無效，甚至指這是花招，政府從未沒有反駁，但又沒有理會，在同年 7 月推出新樓空置稅。其實，空置稅是很溫和的，任何新樓在取得入伙紙 1 年內不賣，加上半年內不租出，就要每年繳交樓價約 5% 作為空置稅。地產商在沒有其他更佳辦法下，唯有降價賣樓或者出租。結果顯示不但樓價下跌，連租金也下跌，對政府來說，這是一個意外收穫。我認為這是逆轉勝主要原因，不知道昔日認為新樓空置稅無效或者是花招的學者及立法會議員有何意見，千萬不要說大家都是搵食啫。

香港點解可以唔加息

樓市不斷上升的另一個主要原因，就是香港沒有跟隨美國聯儲局加息。我做了少少調查，如果從聯儲局第 1 日加息開始計算，香港樓價上升了 30%；如果當時香港跟隨美國加息，我相信即使樓價上升，亦不會有 30% 這麼多，或者只有 10% 升幅。換句話說，單以利息計算，香港樓市已經存在 20% 泡沫。

友人問為什麼香港不需要跟隨美國加息？答案是有大量資金停泊在香港，存款太多，銀行加息即是搵自己老襯。第 2 個問題，為什麼外資夠膽將資金停泊在香港？答案是安全，外資在進入香港時，每 1 美元最少可以兌到 7.75 港元；當外資離開，外資最多只需要付 7.85 港元，就是這一毫子框框，外資便夠膽將大量資金停泊在香港，資金太多，香港可

以不用跟隨美國加息。

聯繫匯率令樓價上升

有人曾經請我用最簡單的方法，說出香港樓價上升的原因，他心目中的答案不外乎是利息上升、供應太多、中美貿易戰惡化等。殊不知我說是聯繫匯率，那人摸不着頭腦，不過他不敢說我錯。其實，當外資進入香港後，除了令利息可以不跟隨美國加息外，還可以貸款給一些中小型財務公司，再轉貸給買樓的人，破壞了金管局逆周期措施功效，投放在物業市場的資金太多，結果造成樓價上升。

不過，隨着美國以每月 500 億的速度縮表，而港元兌美元不時觸及 7.85 弱方保證水平，當銀行體系結餘下降至非常低水平的時候，代表有大量外資離開，香港銀行就不得不加息來挽留準備離開的外資。屆時，利息上升速度比預期快得多，樓價受到衝擊是必然的，樓市走勢就會逆轉，從上升轉為下跌。但現在最不幸的就是樓市已經轉勢，加息不會令樓市逆轉，反而會令樓市跌勢加劇。

力量就是團結 vs 團結就是力量

過去很多年，政府見到樓價飆升，不但不敢出招制止，甚至連講也不敢。大家不要以為政府不知道樓價上升的主要動力，只是不敢說出來，因為地產商夠團結，力量是由團結得來，地產商聯合一起不勾地、不補地價、要政府停建停售

居屋，則地產商手上的存貨（存地）價值日日飆升。每個地產商都知道這種優勢，於是放慢建樓速度，樓價飆升，最得益的是地產商，揹鑊的人當然是政府官員。

政府要解決這個困境，必須改變地產商「力量就是團結」這個策略，改為「團結就是力量」。兩者有什麼不同？就是進攻與防守的分別。「力量就是團結」是進攻，地產商一起不賣樓，樓價一定會上升；但「團結就是力量」代表供應太多，樓宇滯銷，地產商團結一起不賣樓，希望可以穩定樓價。

不過，「力量就是團結」容易，地產商明知道樓價飆升，叫他們也不會賣樓；但當樓價下跌，叫地產商團結一起不賣樓就艱難，甚至會說「契弟走得摩」。現在樓市形勢逆轉，低價成交每日都出現，地產商不但不會團結一起不賣樓，甚至加速推盤，大難臨頭各自飛。

土地供應專責小組

政府知道，就算新樓空置稅可以迫地產商賣樓，但始終未有解決問題根源，如果土地供應不足，地產商在無樓可賣之下，樓價會出現報復式上升。所以，特首林鄭月娥上任後就成立一個土地供應專責小組，我簡稱為「搵地小組」。我看過小組成員名單後就表示，如果搵地小組可以找到地，有關土地的政府官員唔該辭職，皆因 30 個小組成員，有一些根本與找地拉不上關係。所以，我斷然說搵地小組其實是棧道兵，負責掩護一個龐大的土地供應計劃——後來我們知道那

就是「明日大嶼」填海計劃。

　　由於掩護工作做得極好，令林鄭推出明日大嶼填海計劃時，沒有遇到太多反對聲音。計劃是成功，但搵地小組組員就不滿意，他們認為自己被政府出賣了，但我認為毋須介懷，應該從好處方面着想：如果沒有他們，政府的明日大嶼填海計劃未必可以順利進行。不要説自己被政府犧牲，他們應該知道，政府要找地，幾時輪到搵地小組？

明日大嶼填海計劃

　　政府知道，若不想辦法增加土地供應，始終都會因為樓價高企而民怨沸騰。在搵地小組掩護下，推出明日大嶼填海計劃，很多人認為這是一個捨近圖遠的計劃，對於解決土地供應不足沒有多大效用。他們可能錯了，在直覺上明日大嶼與搵地小組都是棧道兵，掩護政府其他的覓地方案，包括與地產商協議補地價、將農地變成住宅用地、收購鄉紳的農地、收回棕地、開拓郊野公園等。如果政府可以從各方面得到足夠土地，明日大嶼填海計劃始終是一個計劃（見好就收）。

如何確認樓市逆轉？

　　不少人認為，當大家見到中原指數下跌，就知道樓市逆轉。其實，無論差管處或者中原，所提供的數據都是滯後，當我們見到指數下跌，實際樓價很可能已經止跌回升，所以，我們要從形勢上看樓市是否逆轉。

當放盤量大增，成交價下跌，代表樓市開始轉勢。如果放售的單位質素很高，代表樓市轉勢開始形成；如果放售的單位不斷自動減價，這樣可以說樓市已經轉勢。當樓市轉勢之後，很大機會出現斷崖式下跌，理由是打算賣樓的業主不斷降價，當物業被售出時，已經與市價有一段距離，當大家用最新成交價做分析，樓市便會出現斷崖式下跌。很多人不相信這個道理，我們以 2018 年 11 月為例，差管處數據下跌了 3.5%，12 月在裕民坊凱匯劈價發售之後，跌幅可能比 11 月更大，如果在 2 個月內下跌 7%，勉強可以叫斷崖式下跌。

現在還未可放寬逆周期措施

雖然樓價指數不是跌了很多，但無論官方抑或民間，大家都認為樓市正在下跌，而不少官員曾經講過，當確認樓市下跌之後，便會放寬逆週期措施。在特首林鄭月娥未表態之前，我認為現在還未可以放寬逆周期措施，理由之一是現時樓價跌幅不算大，但樓市下跌的隱憂仍然存在，若果政府現在放寬逆周期措施，或者會給予市民一個錯覺，以為樓市已經見底，估計會有不少人因此而入市，樓市很快會調頭回升，在三幾個月間再創新高。那些因為政府放寬逆周期措施而入市的市民，實力並不很強大，當樓市再次下跌時，他們很可能會成為炮灰。所以，亦有立法會議員以此理由認為政府在現階段不應放寬逆周期措施。

第二個理由就是現在要求政府放寬逆週周期措施的都

是物業代理，他們為了多做生意而有此要求。我認為政府要等樓市有顯著跌幅，而影響樓市的負面因素，例如加息、供應增加等浮現出來後，以及有大量打算買樓的市民要求政府放寬的時候，政府才適合以順從民意的態度，放寬逆周期措施，現在還不是時候。

投資物業如何逆轉勝？

有人問我，就算是一般物業投資者，他們亦有機會買到一些質素不佳物業，他們怎樣做才可以逆轉勝？將那些質素不佳的物業轉換成一些優質物業，現在是買抑或賣？其實，一般資深投資者知道樓市還會下跌一段時間，現在絕對不是入市良機，但亦不是賣樓的時候。他們早已在樓市最瘋狂的時候，賣走手上質素不佳的物業，然後等樓市下跌至一個低位時，以低價買回非常優質物業，這叫做「逢三退一」。現在樓價正在下跌，惟與低位還有一段距離，所以一般資深投資者都會偃旗息鼓，以悠閒心態等待，當市場上出現優質物業時，他們會以極快速度奪取。只有了解市場動向，行先一步，才可以「逆轉勝」。

陸振球：樓市解碼

劏房問題源於土地供應不足
■ 2018 年 2 月 3 日

耶倫主持她任內最後一次的聯儲局會議未有加息，但強烈暗示 2018 年 3 月加息機會極高，美國 10 年期債息在歐洲時段升穿 2.8 厘，30 年期債息更是明確升穿 3 厘。香港雖然仍未正式加息，代理仍在高唱縱使將來香港加息，也不會對樓市有重大影響。不過，新做按揭選擇拆息按揭（H 按）比例卻是開始回落（**圖 1**），採用定息按揭的比例也在增加，實在反映買樓人士或提供按揭的銀行，並不是對未來息口變化完全置諸不理。

拆息回升用 H 按着數減

雖然近期香港銀行的 1 個月拆息回落至 1 厘以下，但和 2017 年中比較仍高出超過 1 倍，以往在市場預期息率低處未算低，人們會較願意採用拆息按揭以享受較低的按息，但隨着去年中起拆息回升，採用拆息按揭的着數大為減少，如預期未來香港加息，採用 H 按更是隨時賺頭蝕尾，所以採用 H 按的比例也開始回落，反映市場對息率上升的憂慮，更有愈來愈多人開始考慮採用定息按揭，藉以鎖定供樓初段時間的按息上升風險。

（圖 1）

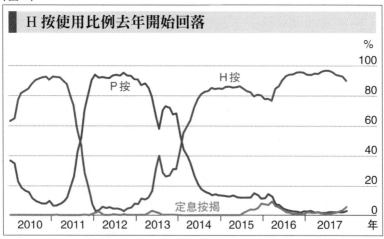

説到按揭，近年樓價攀升，以至上車客愈來愈難儲到首期，本來也可透過申請按揭保險，用較高按揭成數來買樓，不過，根據差餉物業估價署的數據顯示，原來截至 2017 年 12 月，面積為 431 平方呎以下、屬上車盤的細單位之中，新界區平均售價已升至約 518 萬元，九龍區平均售價約 551 萬元，港島區的上車盤平均售價更高至 658 萬元（**圖 2**）。

樓價過高按揭保險無助上車

以現行政策，只有 450 萬元以下物業才可承做九成按揭保險，450 萬至 600 萬元只可做八成，600 萬元以上沒有按揭保險可以提供。若根據差估署的數據，新界和九龍的上車

盤，平均計最多也只可做八成按揭（更有貸款額上限 360 萬元），港島的上車盤平均高達 658 萬元，不能承做按揭保險，以要儲四成首期計算，約 263.2 萬元，以香港二人家庭中位數收入低於約 2 萬元，若要買一個港島區上車盤，不吃不用，儲首期也要 11 年多，若要每月花一半收入做開支，就要 22 年才可以儲到首期買上車盤！

（圖 2）

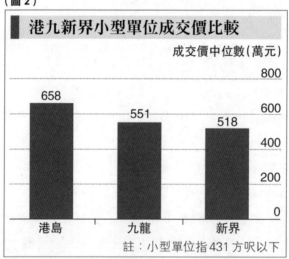

香港樓價高買樓難，已造成不少社會怨氣，而對收入低的家庭而言，不單是買不起樓，如沒有公屋，更可能要被迫租劏房住！立法會補選於 2018 年 3 月 11 日舉行，港台在補選前舉行九龍西選舉論壇，3 名參選人姚松炎、鄭泳舜和蔡東

洲均有出席。論壇中談及劏房問題嚴重，報稱獨立的蔡東洲提到自己在觀塘區劏房住了 14 年時，一度感觸，泣不成聲，直言「高官啲樓應該拎出嚟畀人住」。

論壇中，民建聯鄭泳舜認為，房屋問題是重中之重，劏房居民處於水深火熱之中。無填政治聯繫的姚松炎則稱，有短期、中期和長期的解決方案；短期方面，政府以空置校舍和政府用地幫助劏房租戶；中期方面，在公屋編配中，加快公屋興建和加速劏房戶上樓；長期方面，棕土先行，亦可以利用部分高爾夫球場用地建公屋。

筆者認為，香港劏房問題嚴重，政府自然有責，但一些逢政府建議新增土地政策必反的政客和團體，也有不可推卸的責任。有研究指出，只要容許將郊野邊緣地帶約 1% 的土地建樓，香港可多建近 100 萬個單位，香港房屋供應短缺的問題可大為紓緩，樓價和租金回落，政府也可大增公屋供應，最受惠是低下階層。

零售復蘇利加租九置具吸納價值

文首提及美國債息上升，奇怪的是，美息升但美元卻持續弱勢，單是 2017 年美匯指數便跌了約 14%，和中原樓價指數的升幅相若，亦即若以非美元計，香港 2017 年的樓價其實只是打橫行！不過，在聯繫匯率下，美元弱即港元弱，會有利香港的零售市道，統計署便公布 2017 年 12 月香港的

零售總值按年升了約 5.8%，而業界也指出香港的零售業低潮應已過去，如此會提供什麼的投資機會？

當然，零售好轉可以考慮投資零售股，同時也可以留意商場收租股。不過，最能受惠弱美元應是主力針對海外消費者的高檔商場物業，民生商場則利好有限。或許是這個原因，2018 年以來，主要擁有包括海港城、時代廣場等高檔商場物業的九倉置業（1997），其股價明顯跑贏主打民生商場的領展（0823），九倉置業股價在 2018 年 2 月 2 日更升破了去 2017 年底上市以來的高位（**圖 3**），變成技術上沒有蟹貨阻力的商場股，如稍後零售業進一步復蘇，將有助九倉置業的商場加租，令該股具吸納價值。

（圖 3）

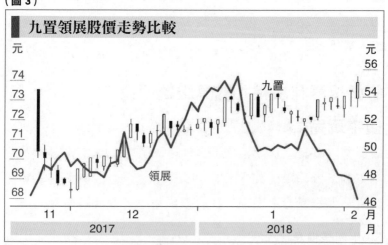

 九置領展股價走勢比較

長息高於租金回報要小心
■ 2018 年 2 月 10 日

　　2018 年 2 年 9 日，港股恒指一度再跌 1,200 多點，收市跌了 900 多點，不用兩星期便跌了 3,600 多點，2017 年初以來的上升軌更宣布失守。技術上如隨後 3 日恒指未能重返上升軌而 9RSI 仍維持在 30 以下，便要小心港股由牛轉熊。相對之下，中原樓價指數同期報 167.89，按周僅微跌 0.04，但指數有約 2 星期的滯後，有大型代理頭頭指股市大跌，更有利資金轉投樓市，對樓市反而利好，到底是否真確？

　　筆者將恒指和中原樓價走勢合併一起看，過往 20 多年，包括 1997 年亞洲金融風暴，2000 年科網股爆破，2008 年金融海嘯，2011 年歐債危機，以至 2015 年股市大跌後，樓價之後相應都有明顯調整甚至大跌 (**圖 1**)，因此如港股由牛轉熊，小心樓市也會轉勢！

債牛玩完　影響股市趨明顯

　　今回美股和港股出現調整，到現在沒有多少分析可以說出個所以然來，較主流的意見，則會指一來應是之前升得太急太多，二來是和美息急升有關，事實上，美國 10 年期和 30 年期長債息已分別升穿了 2.8 厘和 3 厘的重要心理關口，

新債王岡拉克和舊債王格羅斯都表示擔心債市牛市已完,亦即等同說往後息口應會是大漲小回,若如是,對股市和樓市的影響會愈來愈明顯。

筆者也翻查差餉物業估價署數據,香港各類型住宅,最大型的 1,600 多呎以上的 E 類型大面積住宅,以至 430 呎以下的 A 類型最細住宅單位,名義租金回報率分別只有 2.0 至 2.8 厘之間,亦即全部低於被定義為無風險美國長債息的孳利率(2.8 厘和 3 厘以上)。

香港大學曾有研究表示,若美國 10 年期債息較長期明顯高於香港的住宅租金回報率,香港的樓市便也多數無運行,其實 1997 年亞洲金融風暴前夕,以及 2008 年金融海嘯之前,便都出現了美國 10 年期債息長期明顯高於香港 400 餘至 700 餘平方呎 B 類型住宅單位租金回報率的情況,不多久後香港的樓價便也大受壓力(**圖 2**)!

施永青:供應增加　租金恐受壓

說到租金回報率,早前表示預期今年樓價會再升 8%、樓市會續升至少 2 至 3 年的中原地產老闆施永青,在《am730》撰文指樓市供應在增加,恐怕租金會受壓。

施永青表示,「我們發現,有一個數字很值得市民關注,就是 2018 年的私人住宅落成量將重越 2 萬個,達 22,493 個,為 14 年來最高。這個數字對租務市場一定有影響。

（圖1）

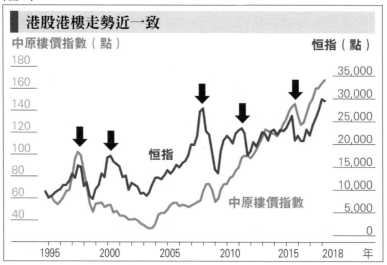

港股港樓走勢近一致

中原樓價指數（點）　　　　　　　　　　恒指（點）

恒指

中原樓價指數

（明報製圖）

（圖2）

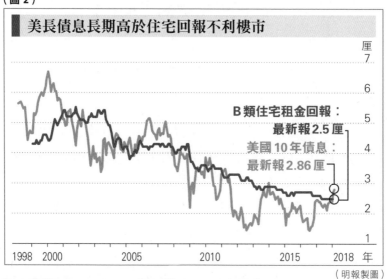

美長債息長期高於住宅回報不利樓市

B類住宅租金回報：
最新報2.5厘
美國10年債息：
最新報2.86厘

（明報製圖）

由於買賣市場常被資金流動所影響，資金流動的變化幅度常高過供應量的變幅，以致價格常被扭曲。但在租賃市場裏只有用家，沒有投資與投機因素，供應量的明顯增加，將對租金產生必然的壓力。供應多了，租客的選擇自然增多，在討價還價時，就會處於較有利的位置。另一方面，當租盤多了，租客相對少了的時候，業主之間的競爭就會增強，心急出租的業主就會很容易降價。

此之所以，我預期 2018 年的租金會有壓力，即使仍能上升，升幅亦一定不及去年。在聯儲局可能持續加息的情況下，如果租金回報率不升反跌，那對投資地產的吸引力必然有負面的影響。」

市民對政府解決住屋問題無信心

2018 年初股市暴挫，施永青早前說不會影響樓價，現在則說租金可能因供應增加而受壓，在美國繼續加息而租金回報或不升反跌下，未知是會是將修正他對樓市看法，亦即「轉軟」的先兆？

早前 107 動力委託香港大學進行民意研究，就香港的房屋及土地供應問題，成功訪問了 500 名 18 歲以上的香港居民，其中一條問題是「你期望政府可在幾多年之內解決香港的住宅屋問題」，當中只有 36.6% 認為可在 5 年內解決，可在 5 至 10 年內解決則佔 26.1%。認為要 10 至 20 年才可解決則佔 12.0%，要 20 年後才可決解佔 4.9%，認為永遠都解

決不了佔 14.9%，表示唔知或難講佔 5.4%（**圖 3**）。

即是説，若調查可真實反映市民現況，則原來有約四成市民認為政府至少要 10 年或更久，甚至可能永不能解決香港的房屋問題！

樓市大跌　不代表買樓變得容易

不過，就算今回真的香港股市由牛轉熊，以至樓價亦大跌，是否便等同解決了香港的房屋問題？回想香港在 1997 至 2003 年，香港股樓齊跌，樓價足足跌了 6 年多並跌了近七成，也不見得市民買樓變得容易了，因當時經濟也一起變差了，更一度出現了超過 10 萬個負資產家庭！

（圖 3）

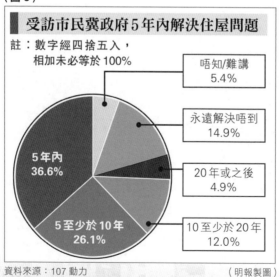

受訪市民冀政府 5 年內解決住屋問題

註：數字經四捨五入，相加未必等於 100%

唔知/難講 5.4%
永遠解決唔到 14.9%
20 年或之後 4.9%
10 至少於 20 年 12.0%
5 至少於 10 年 26.1%
5 年內 36.6%

資料來源：107 動力　　　　　　　　　（明報製圖）

寸土寸金 非港人之福

■ 2018 年 2 月 24 日

　　下筆之際正值新春，自不免要說一些和新年有關的趣事。2018 年大年初二，鄉議局主席劉業強在車公廟為香港求籤出現「烏龍籤」事件，事緣劉業強本求得 41 籤，主持和遞籤人員卻將之與沙田鄉委會求得的 21 籤調亂了，其中 21 籤的籤文：「頃畝之田歲月深，祖宗創積到于今，勸君勿論多和少，寸土原來一寸金」，當中的「寸土原來一寸金」，所說的土和金，似和樓市和金市有一定關係。

　　中國人一向有「寸金尺土」的概念，不過似乎在香港，樓價之高以「寸土原來一寸金」來形容可能更適切，進一步來說，香港土地供應有限，已到了不利經濟的發展，如社會和政治人物仍對各種增加土地供應的方案諸多反對，拖拖拉拉，將來樓價更可能變成「尺金寸土」，絕非港人之福！

港土地問題　不利經濟發展

　　對於投資者來說，買金好，還是投資物業好？這要看用那個時間點作比較，固然，黃金在 2011 年見頂後，到了 2016 年才反彈，近年香港樓價卻是愈升愈有，至少近 7 至 8

（圖1）

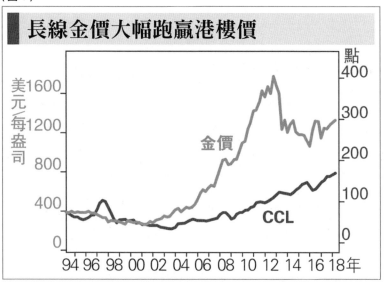

長線金價大幅跑贏港樓價

年，在香港買樓似勝買金。不過，若作更長時間的觀察，比如由中原樓價指數約在 1994 年開始計算至今，迄今黃金的累積升幅卻明顯拋離香港整體樓價的升幅（**圖 1**），當然，也要留意買金沒有息收，買樓卻可以收租。

說到收租，當然也要和息口比較。美國 10 年期債息在聯儲局公布 2018 年 2 月議息紀錄後一度見 2.95 厘，也明顯拋離香港 B 類型中型住宅的約 2.5 厘租金回報率，美國 10 年債息在投資界一向被視作為無風險投資工具的息口比較指標，當其愈來愈高，人們便會對其他投資工具，包括住宅租金回

報率的要求提高，一旦租金跟不上，便唯有透過樓價調整來拉近兩者的差距。

美債息較港租金回報高 1 厘　樓價或跌

　　事實上香港大學曾以過去數十年的統計得出，當美國 10 年期債息高過香港住宅租金回報接近 1 厘，之後香港樓價往往會大跌，以現在香港中型住宅租金回報率約 2.5 厘，美國 10 期債息已逼近 3 厘，若稍後美國再加 3 次息，每次加 0.25 厘，香港的住宅租金回報率未有上調的話，則這 1 厘的差距便將會達標，甚至超標。

港元逼近低位　加快港銀加息步伐

　　另外，雖然 2018 年 2 月香港的銀行同業拆息仍未見跟隨美息上升，但港元偏軟，港元兌美元一度跌至 7.825 水平，直逼 2017 年底的低位（圖 2），就算香港銀行暫不加息，在聯繫匯率制度下，相信金管局很快也要被迫挾高港息，加快銀行加息步伐。

　　雖然客觀的數據包括息口上升，供應在增加等，都為樓市發出一些警示，不過投資市場有趣的地方是，大部分參與者做出投資決策時，最影響他們的反而是眼前看到的市場表現，如市場是熱烘烘，便多會繼續看好，相反價格大跌時，卻是最多人看淡！

（圖 2）

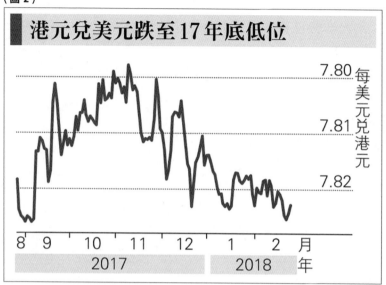

樓價高企 99% 沽樓個案皆獲利

　　根據利嘉閣一項研究指出，樓價連月破頂，沽樓平均賺幅同樣拾級而升，綜合土地註冊處資料，2018 年 1 月份全港 3,028 宗已知上手購入價的二手私宅買賣登記中，帳面獲利個案共 2,996 宗，比重達 98.9%，較 2017 年 12 月份的 98.6% 再升 0.3 個百分點（**圖 3**）。至於每宗私宅轉手的平均獲利幅度近月亦持續上升，1 月份按月再升 1.3 個百分點，高見 85.7%，創 27 個月新高，亦為 2006 年有統計以來的次高水平（**圖 4**）。

　　當樓市轉售個案近 99% 是賺錢，平均賺幅超過八成半，自然大多數投資者都屬看好後市，不過股神巴菲特便曾表示，投資真正要賺大錢和避開蝕大錢之道，則是「人人貪婪時要恐懼，人人恐懼時要貪婪」！

（圖 3）

資料來源：利嘉閣地產研究部

（圖 4）

資料來源：利嘉閣地產研究部

地價收入增　變相徵土地稅

■ 2018 年 3 月 3 日

　　2018 年的《財政預算案》又是盈餘超過千億，其中重要原因是政府在 2017 至 2018 年度的地價收入較原來預算高出 626 億元，約達 1,636 億元，增幅達 62%，已是連續 2 年有逾千億元地價收入，並預計 2018 至 2019 財政年度地價收入亦逾千億元（**圖 1**），自然惹來各界要求政府增加開支和回饋市民的聲音。

　　有分析指財政盈餘高企，一方面是政府包括賣地及其他稅項等收入豐盛，另一方面則在社會投資和福利開支太保守，所以需要改變思維，要更有為和多做民生事項。固然，盈餘太多也屬資源浪費，不過也要留意，如政府收入一個主要部分是靠地價收入，是否可以永續和背後的負面影響。其中，香港土地供應始終有限，今日賣了土地，等同預支了未來的土地收入，二是賣地收入增加，除了是來自土地的供應，也和租金和樓價不斷上升、同一幅地可以愈賣愈貴有關，而租金和樓價不斷攀升，亦等同向香港市民變相徵收土地稅，因要付出的租金和樓價也愈來愈沉重，且會透過日常和民生商品的價格上調來轉嫁給普羅市民，亦會影響香港的競爭力。

事實上，財政司司長陳茂波表示，2017 年賣地收入增加，主要由於年內推出多幅市區商業和住宅靚地，以及與發展商達成協議的換地個案收入急升有關。財爺又指出，年度地價收入的預測主要以來年的賣地計劃和土地供應目標為依據，收入預算 1,210 億元，2019 至 2020 年度起以過往 10 年地價收入佔本地生產總值（GDP）的平均水平，即以佔 GDP 約 3.6% 計算，即是說，政府來年的賣地收入，等同向所有香港市民的收入額外多徵 3.6% 的稅項，以香港現時打工仔的標準稅率為 15%，不計其他政府的徵稅，只計入這些隱含的土地稅，港人的平均稅率隨時達 18% 以上！

計及隱含稅　港人明年稅率或逾 18%

財爺在公布政預算案時也提及對樓市的看法，他認為，過去數年住宅單位供應偏緊、利率超低及資金流入的疊加因素影響下，樓價已非一般市民所能負擔。不過，他又指過去幾年導致樓市急升的基本因素已起了根本變化。首先，住宅單位供應量將會上升，在 2018 至 2022 年，私人住宅單位的平均落成量將達每年約 20,800 個，較過去 5 年的平均數上升五成。其次，根據 2017 年底估算，其後 3 至 4 年可以供應市場的一手私人住宅單位維持在約 9.7 萬個，預期樓市供應偏緊的情況將會緩和。加上美國利率正常化繼續推進，過去幾年香港超低利率的情況將不復再，料為樓市帶來壓力，呼籲市民置業前小心衡量風險，特別是利率上升對個人供款能力的影響。

（圖 1）

港府近年地價收入

原預算　修訂預算

1,635.69

1,210

億元
1,600
1,400
1,200
1,000
800
600
400

2011
至
2012
　
2012
至
2013
　
2013
至
2014
　
2014
至
2015
　
2015
至
2016
　
2016
至
2017
　
2017
至
2018
　
2018
至
2019
財年

註：地價收入包括官地招標、補地價及就短期豁免書收到的費
　　用等

資料來源：財政預算案

滙豐覓新舖擴張　後市看俏

　　美國 2018 年 3 月加息機會頗高，港元兌美元的收市匯價也已跌破 10 年新低，都會增加香港銀行加息的壓力，加息雖對樓市不利，卻有利銀行多賺息差，以滙控（0005）的股價為例，其變化往往和美國 10 年期債息走勢相似（**圖 2**）。最近和朋友紀惠行政總裁湯文亮晚飯時，他就說一口氣買入了 200 萬股滙控股票，一來是早前滙控公布業績後未有新的回購計劃，以至股價明顯調整；二是原來滙豐最近接觸紀惠，問可否提供新舖給它擴張，湯文亮認為這反映滙豐生意大好，是大大

有利後市股價表現的先兆！聽完湯文亮如此說法，3月2日，港
股因美國總統特朗普似要發動貿易戰而急插，筆者也趁機沽
空了滙控的 Put Option，看看可否賺一點期權金或趁低接貨！

（圖2）

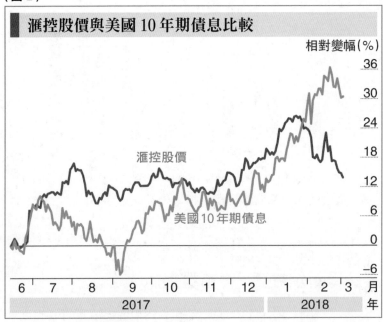

倘樓價租金長期「背馳」泡沫愈趨嚴重

　　在預算案當日，差餉物業估價署也公布了最新物業市場
數據的一些有趣變化。差估署最新數據顯示，2018年1月私
樓售價指數報357.5點（圖3），較2017年12月353點，
按月再升1.3%，連升22個月，創紀錄新高；樓價指數於
2016年3月起已開始回升，過去22個月累升逾31.7%；及

（圖3）

後 2016 年 11 月，售價指數已升至 306.7 點，打破 2015 年 9 月創出的 306.1 點紀錄；截至 2018 年 1 月，售價指數已連續 15 個月創新高。若與 2015 年 9 月的高位比較，樓價指數亦高出約 16.8%。

雖然樓價上升，但過去連升 13 個月的租金指數卻首錄下跌，數據顯示，1 月該指數報 186.5 點，按月跌 0.3%。當然一個月的數據未必作準，但若樓價指數續升而租金指數卻續跌的話，則反映推升樓市的因素，會愈來愈靠投資或投機資金帶動，居住需要則在減弱，亦會令租金回報率進一步拉低。而正如陳茂波所說，供應在增加，會愈不利租金，而息口上升又配合租金回報率受壓，如樓價和租金較長期出現「背馳」，反映樓市的泡沫會愈趨嚴重！

着眼收息　買股債勝買樓

■ 2018 年 3 月 10 日

　　投資股市也好，樓市也好，不外乎着眼升值及收取的股息或租金回報。九倉（0004）公布業績，投資者除了關注其核心盈利增長了 14% 至 157 億元，也留意到集團披露在 2017 年下半年起再投資達 705 億元，當中 255 億元或 36% 投資於上市股票，255 億元中六成或 153 億元投資於 CME2（新經濟股份），其餘四成投資包括藍籌地產股組合及非地產的相關行業股份。

　　九倉主席吳天海解釋，除了買地起樓，集團也大手投資股票的目的是為資金「泊車」，因不能「守株待兔」再依賴買地收納土儲，在未能買到地皮下，投資地產股等為中期過渡投資方案，「變相買地，就先買股」，並指出本地地產股有三成以上折讓及有數厘股息。

本港地產股比房託折讓近四成

　　根據證券商高盛研究，撇除房託以外，香港的主要地產股確有約接近四成的折讓（圖 1），筆者看一看九倉同系的會德豐地產（0020），股息率高於 3 厘，買地產股收息，遠比買地起樓乾手淨腳。如大家不善忘，應記得恒基地產

（圖1）

香港地產股(不計房託)資產折讓

資料來源：GoldmanSachs Global Investment Research　　　　（明報製圖）

（0012）主席李兆基曾一再表示，買地產股好過買樓，當時亦指自已公司的股票較資產折讓四成以上，屬非常抵買，自己也身體力行不斷增持，其實對於一般投資者，買賣地產股更不用付高昂的物業印花稅。

　　差餉物業估價署公布各類型住宅單位的最新租金回報率，其中面積431平方呎以下最細類型單位，2018年1月的租金回報率維持在2.7厘，實用面積431至752平方呎的一般單位，同期回報率按月跌0.1厘至2.4厘。至於753至1,075平方呎單位，回報率維持在2.3厘的低位。同時，實用面積1,076至1,721平方呎較大型單位，1月份租金回報率

亦跌 0.1 厘至僅約 2.1 厘水平。最突出的是實用面積 1722 平方呎或以上最大單位，租金回報率守住 2 厘 7 個月後，終在 2018 年 1 月份跌至僅 1.9 厘，按月下跌 0.1 個百分點，其餘四類面積單位回報率都為歷來低位。

各類住宅租金回報遠低於美債息

要注意的是，以上的是名義租金回報率，買樓收租，還要支付管理費、差餉，維修及其他稅項，所以實際租金回報，大部分住宅單位的實質回報可能只略高或貼近 2 厘，豪宅更應只低於 2 厘。現在美元大額 1 年期定期存款也隨時有 2 厘，如買 10 年期美債，其孳息更高近 2.9 厘（如認為息口向上，更可買浮息償，日後利息上升，所收到利息也會上調），高於上述差估署公布的香港各類住宅租金回報率（圖2）。

以上數據反映，如只是着眼於收息，買地產股，甚至只是買債，收到的股息或債息隨時都高於買樓收租的租金回報率，地產股也明顯存在資產折讓。不過，投資行為往往受偏好影響，只要擁有資金的投資者繼續偏好持有物業，樓價便繼續會有支持，雖然現時樓價已脫了大部分港人的購買力，但資深投資者林一鳴出版的《林一鳴的投資世界》卻有分析指出，香港或可能有七成人買不起樓，但餘下三成最高收入的家庭，其購買力足以撐起樓市。

最高30%收入人士仍可負擔樓價

林一鳴引述統計數據指出，截至 2017 年底，香港勞動

（圖 2）

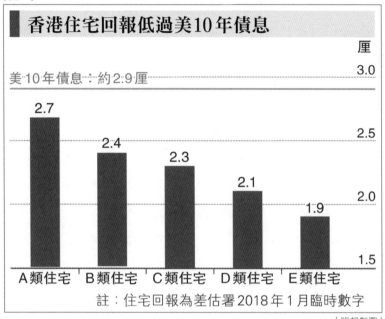

香港住宅回報低過美10年債息

美10年債息：約2.9厘

A類住宅 2.7
B類住宅 2.4
C類住宅 2.3
D類住宅 2.1
E類住宅 1.9

註：住宅回報為差餉署2018年1月臨時數字

（明報製圖）

人口約 396 萬人，就業人數 385 萬，交稅人口約 185 萬，他們的平均年收入為 52 萬元，餘下 53% 共 211 萬人口是不需要交稅的，扣除小部分有本事避稅的人（例如的士司機），估計大部分在該群組的人，年收入低於 12 萬，除非他們早已買入樓宇，或有其他不靠工作的收入方法，否則以他們賺取工資的能力，應該並非樓市的參與者。林續稱，在其他需要交稅的 185 萬人，約 100 萬人的年收入在 30 萬元以上，50 萬人年收入在 50 萬元以上（**圖 3**），即是說，對於最高收入的 30% 的香港人而言，樓價負擔並不如大家想像般辛苦。

祥益：新界西北二手樓價超銀行估價

　　主力經營新界西北二手物業代理的祥益地產發表研究報告，指根據該公司的成交紀錄，以及 3 家主要銀行的平均估價，再綜合數據計算成交價與銀行估價相差的幅度，以平均估價及成交價對比出同步值而計算出的「銀行估價指數」，自 2018 年 1 月 17 日起，有關指數都出現正值，即反映該區二手樓的成交價都傾向高於銀行的估價。出現此現象，可能是樓價升得過急，以致估價跟不上，又或銀行趨於審慎，不論是哪一種原因，如情況普及化，買樓人士便要小心一點，因一旦銀行估不足價而買家又未能籌得足夠資金上會，小心會被迫撻訂。

（圖3）

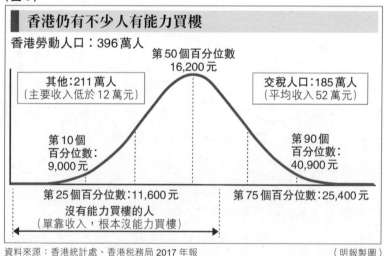

資料來源：香港統計處、香港稅務局 2017 年報　　　　　（明報製圖）

超人指樓價購買力脫節
有根據嗎？

■ 2018 年 3 月 17 日

　　被稱為「超人」、在 2018 年將已屆 90 歲的李嘉誠，於旗下 4 間藍籌公司一併公布業績後的記者會上宣布，會退任長和（0001）和長實（1113）的主席及執行董事職位，轉任為集團資深顧問。大家都說李超人終於退休，而李嘉誠卻在業績的主席報告說只是「換上新戰衣」，未來將主力放在慈善基金事務之上。

　　筆者早前邀得曾淵滄教授主持一個名為「退而不憂」的講座，他說坊間常有「退而不休」的說法，他自己卻是永遠「不退不休」，只是換了跑道再起飛，不再局限在原有的工作職位而已，而是在自己喜歡的範疇再創新天地。李超人說是「換上新戰衣」，和曾教授的說法相當脗合，而凡事只要換個角度，便往往有新視野，有更大的發展空。就如李的旗艦公司，近年少有買地，似乎錯過了香港樓市的大升浪，但他在其他不少的投資如 facebook 及 Spotify，回報往往以百倍計，且打造的商業王國，也愈來愈國際化和多元化，更能抵禦不同的經濟起落以至各式的政治風險，較不少港人甚至大孖沙都幾乎將所有雞蛋放在同一個籃子——香港地產，誰更聰明和有遠見，就讓時間來證明吧。

李氏商業王國愈趨國際化

李嘉誠在記者會上被傳媒問及對樓市和中資行家來港高價搶地的看法，超人直言香港樓價已升至與市民購買力脫節的程度，不少內地行家都是高借貸進行操作，過往當外圍出現政治和經濟動盪時，都曾對香港樓市構成風險，雖然他贊成如有需要和有能力應買樓自住，但若是年輕人大學未畢業，就想要一個 apartment，這樣的想法是不對的，更説笑指大學生如果女朋友話無樓唔結婚，咁你不如叫佢趁後生搵過個！

李嘉誠説香港的樓價和市民的購買力脫節，是否有根據？美聯物業曾發表研究報告，綜合《一手住宅物業銷售資訊網》資料顯示，在不包括村屋、一約多伙及全幢物業等成交，2018 年年初至 3 月 13 日新盤售出約 2,600 伙，所佔比例最少的是實用呎價萬元或以下，僅錄約 0.2%；當中以實用呎價逾 1.5 萬至 2 萬元為主，佔約 35.7%（圖 1）。另該行指出，新盤呎價除集中逾 1.5 萬至 2 萬元外，其次來自逾 2 萬至 2.5 萬元，佔約 28.3%；逾 1 萬至 1.5 萬元亦佔約 17.4%；至於逾 2.5 萬至 3 萬元佔約 12.4%，而餘下約 6% 為呎價逾 3 萬元單位。

港人月入僅買得 1 呎新盤單位

若以面積劃分，實用面積 401 至 600 平呎單位佔最多，約 38.6%（圖 2）；而 400 平方呎或以下亦佔約 27.3%；反之，

（圖 1）

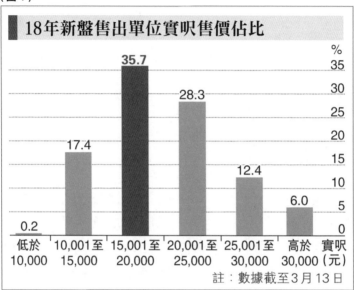

18年新盤售出單位實呎售價佔比

0.2　17.4　35.7　28.3　12.4　6.0

低於 10,000　10,001至 15,000　15,001至 20,000　20,001至 25,000　25,001至 30,000　高於 30,000　實呎（元）

註：數據截至 3 月 13 日

（圖 2）

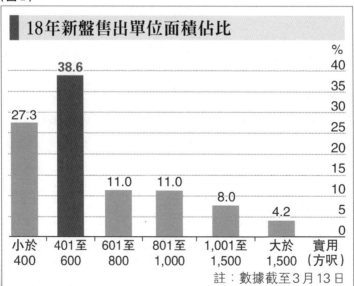

18年新盤售出單位面積佔比

27.3　38.6　11.0　11.0　8.0　4.2

小於 400　401至 600　601至 800　801至 1,000　1,001至 1,500　大於 1,500　實用（方呎）

註：數據截至 3 月 13 日

愈大單位比率愈少，當中逾 1,500 平方呎單位只有約 4.2%；1,001 至 1,500 平方呎則約 8%。

筆者找來統計署的數據，發覺 2018 年年初香港個人中位數月入約 1.7 萬元，配合美聯的研究，即一般人的每月收入，大概只可買 1 呎新盤的住宅單位，以最多人買的 401 至 600 平方呎單位，將需要 33 年至 50 年的收入，那算不算是和市民的購買力脫節？

李嘉誠稱，樓價既和市民購買力脫節，政府應多建公屋和居屋，令負擔不起私樓的較低收入家庭也可安居和置業，財政司司長陳茂波在網台節目時表示，留意到截至 2017 年底，發展商手上有 9,500 個單位尚未推出市面，數量的確有顯著上升趨勢，政府正研究如何處理，徵收「空置稅」是其中一個考慮方向。

不過，陳續稱香港的單位整體空置率現時只有 3.5%，仍然處於低水平，又指若要實行空置稅，需要「鎖定一些目標」來做。至於目標對象為哪一個群組，以及會否針對新樓，陳茂波稱尚在研究，不便透露，強調政府會密切留意發展商推出單位的情況。有分析指，陳茂波稱會研究徵收的空置稅，很可能是針對未售而已落成的新盤單位，而朋友湯文亮撰文說，這會令發展商被逼加快賣樓，最開心的是地產代理，因有更多生意做。

若推空置稅美聯最受惠

事實上，筆者留意到地產代理股美聯集團（1200），股價在陳茂波發表空置稅言論後（即 2018 年 3 月 15 日），便由低位 2.24 元抽升至 2.34 元，升了 4.4% 有多**（圖 3）**，以當日收市價計，市值約 16.8 億元，而該公司早前發盈喜，指 2017 年首 11 個月純利約 1.7 億，而預計到 12 月止年度純利將會顯著上升，則估計當其公布業績時，市盈率隨時應低於 9 倍，而若政府真的推出針對新盤的空置稅，美聯股價將會大受其惠，值得留意。

（圖 3）

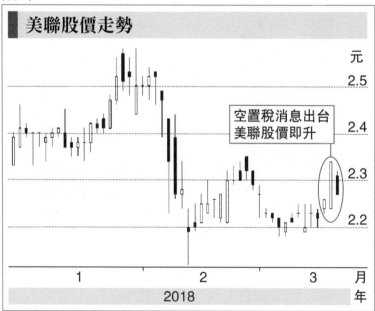

美聯股價走勢

空置稅消息出台
美聯股價即升

另要留意的是，雖然陳茂波指出現時住宅空置率只有約 3.5%，這應是平均數，而按差餉物業估價署數據，中小型住宅在 2016 年底的空置率為 3.3%，而大型住宅的空置率卻高達 9.2%（**圖 4**），一旦政府真的推出空置稅且也涉及二手物業，便要小心大型住宅會受到較大影響！

（**圖 4**）

中小型住宅及豪宅空置率比較

中小型住宅　大型住宅　空置率（%）

2012：3.8，10.7
2013：3.7，9.7
2014：3.5，7.9
2015：3.3，8.1
2016：3.3，9.2

四成千萬富翁看淡樓市

■ 2018 年 3 月 24 日

樓價指數再創新高，由地產代理香港置業進行的 2018 年首季「置業意向調查」結果顯示，逾五成受訪者預料未來 12 個月樓價走勢平穩向好，考慮入市的比例升至今年首季的 64%，比例為同類調查有紀錄以來的 8 季新高，反映一般市民對後市看好和打算入市。不過，花旗銀行於 2017 年 9 月至 11 月委託香港大學社會科學研究中心進行一項針對千萬富翁的調查卻顯示，認為未來一年樓價會下跌的受訪者比例高於看好後市者，似乎真正的有錢人，對後市遠較一般市民審慎。

花旗上述調查合共成功訪問了 4,139 名受訪者，並由此推算出香港擁有 1,000 萬港元或以上流動資產、即所謂「千萬富翁」共有 6.8 萬人，按年增加了 15%。受訪者當中，看好未來一年樓價續升的有 38%，認為樓價會橫行的則有 22%，估計樓價會跌則有 40%（**圖 1**），反映看淡後市的富人多於看好，或可由此推論富人較一般市民對未來樓市相對審慎。

能成為千萬富翁，予人感覺自然會較一般市民的分析和投資能力較強，則他們對未來樓市較審慎，便很值得大家思考。當然，這一刻對後市審慎，並不等同他們會急急賣樓，又或是一直都是看淡後市。事實上，根據花旗的調查，受訪的千萬富翁，高達 84% 擁有物業，當中 39% 更是擁有中國或海外樓宇（**圖 2**），平均持有 3.2 個單位（1.9 個為香港單位，另 1.3 個為海外物業）。

千萬富翁不再熱衷買港樓

另外，千萬富翁持有的資產，以市值計 72% 屬於物業（**圖 3**）。不過，該調查問及他們可會繼續買樓，只有 8% 回答說會打算繼續買香港樓，但打算到海外置業的約 32%（**圖 4**）。花旗認為香港現在再買樓投資要付高昂辣招稅，可能是千萬富翁不再熱中在香港買樓的重要原因。

除了物業以外，千萬富翁持有的流動資產，股票是他們最優先選擇的投資項目。説到股票，筆者一些朋友會買地產股代替買磚頭，認為既不用付辣稅，樓市升有關股票多數也會升，且所收到的股息隨時比買樓收到的租金回報更高。

投資恒地股票 5 年升值 2 倍多

筆者在此申報利益，其實近年一直有捧「四叔」場的恒基地產（0012），該公司在 2018 年 3 月中公布業績，不計物業重估的盈利按年增加 38%，派發末期股息每股 1.23 元，全

（圖1）

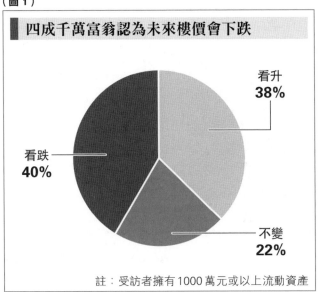

四成千萬富翁認為未來樓價會下跌

看升
38%

看跌
40%

不變
22%

註：受訪者擁有1000萬元或以上流動資產

（圖2）

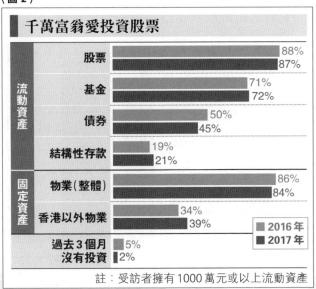

千萬富翁愛投資股票

		2016年	2017年
流動資產	股票	88%	87%
	基金	71%	72%
	債券	50%	45%
	結構性存款	19%	21%
固定資產	物業（整體）	86%	84%
	香港以外物業	34%	39%
過去3個月沒有投資		5%	2%

註：受訪者擁有1000萬元或以上流動資產

（圖3）

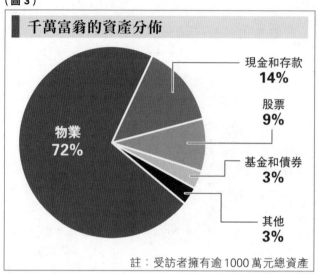

千萬富翁的資產分佈

物業 **72%**

現金和存款 **14%**

股票 **9%**

基金和債券 **3%**

其他 **3%**

註：受訪者擁有逾1000萬元總資產

資料來源：花旗「香港千萬富翁調查報告2017」

（圖4）

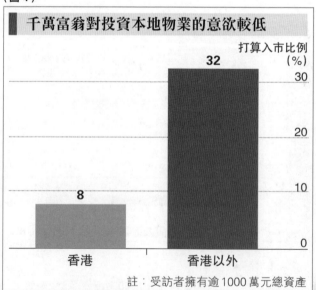

千萬富翁對投資本地物業的意欲較低

打算入市比例（%）

香港 8

香港以外 32

註：受訪者擁有逾1000萬元總資產

年股息則為 1.71 元，以當天收市價計股息率約為 3.2 厘，已明顯高於香港各類型住宅租金回報率 1.9 厘至 2.7 厘。

大家更要留意的是，恒地今次再宣布 10 送 1 股紅股，這已是該公司連續 6 年送紅股，假設派紅股後恒地股價仍能持續上升，1 年後股價返回派紅股時的水平，連同紅股及派息，持有恒地變相每年便有 10 多厘回報，可說是隱藏的絕對高息股。

根據投資的「七十二定律」，假設恒地保持每年可派 3 厘息，而繼續年年 10 送 1 紅股，而股價又可返回派紅股時的水平，將 72 除以 13，約 5 年半投資恒地，回報便可在 5 年半左右翻一番，其實近 5 年多，恒地單是股價已升了約 1 倍多，連同上述紅股和股息，即總回報超過 2 倍，絕對不遜買樓收租。

説到恒地，除了 2018 年以 230 多億元投得中環美利大廈地王而為市場矚目外，早前再以近 160 億元一口氣買入海航的 2 幅啟德地皮，短短 2 天便能完成交易，便反映其財務資金極充裕，可隨時做「白武士」。

恒地主席李兆基在業績報告寫道，集團經多年努力「播種」，現已進入「豐收期」，2017 年度之業績大幅增長，創出歷年最佳紀錄，又指如無不可預見之情況，預計 2018 年度之業績會有理想表現。若如是，筆者認為不妨繼續持有這隻股票。

港元定存息有2厘　削買樓吸引力

在恒地公布業績之後，美國聯儲局也宣布再加息0.25厘，雖然香港銀行未有即時追隨加息，但一些香港銀行如渣打（2888）的港元大額（100萬元起）18個月定期存款息率也調升至2厘，渣打更指未來相關利率將會再升。當敘做港元定期存款也可收到2厘或以上的收益，基本上近0風險，則買樓收取1.9厘至2.7厘的租金回報，還要付辣稅和要扣除差餉、管理費等，實在難言吸引。

香港土地不足是偽命題

■ 2018 年 4 月 7 日

　　政府成立的土地供應專責小組，將就 18 個土地供應選項，展開為期近半年的公眾諮詢。近年香港樓價升至與一般家庭的負擔能力脫節，一個重要原因自然是土地和房屋供應受到限制，筆者應內地發展商碧桂園（2007）邀請，到了馬來西亞新山市參觀其海外最大的發展項目──森林城市，將看到的一些東西和朋友分享，有朋友聽完後說香港的土地和供應不足其實是命題，又或是港人自找的！

　　先說位於新山的森林城市，這個項目分 2 部分：其中一部分是透過填海造出 4 個面積合共約 20 平方公里的人工島，並在島上分期興建數以十萬計的住宅單位，連同其他商業及其他配套發展；另一部分則是在距離大約 5 公里的內陸部分興建高爾夫球場及酒店和別墅等，這部分佔地約 10 平方公里，即森林城市佔地總面積合共約 30 平方公里，大概等同現時澳門約 30.5 平方公里的面積。

新山填海建人工島　住宅每呎僅 2,000 餘元

　　據發展商表示，他們填海創造人工島，其中一個重要原因是可以避過收地涉及不同業權的麻煩，可以加快進度，加

上現在的科技可大大縮短以前填海要等數年以至 10 年才完成的沉降時間，森林城市在 2013 年才開始填海，但首期萬多個單位在 2018 年起已陸續交樓。

朋友説，香港近年常説土地不足令樓價飛升，但每當政府要開發新土地，便總有政客和市民出手阻撓，既不許開發郊野公園，填海更像是犯了天條，重建又説要保護歷史，結果土地供應受阻，年輕人要靠父幹甚至配合高成數按揭才可勉強買「劏房」。但一家私人發展商，卻可在海外透過填海興建數以十萬計的住宅單位，大家知道填海造地成本不輕，但如森林城市售價每呎也只是 2,000 餘港元，能不令人深思？

朋友説，假如香港能選合適地點進行如森林城市的大規模填海，又容許輸入大量外勞作填海及起樓工程，則隨時可以以每呎 2,000、3,000 元在數年內額外提供以十萬計的住宅單位，那香港的樓價會繼續飈升嗎？甚至可以大幅回落至一

（圖 1）

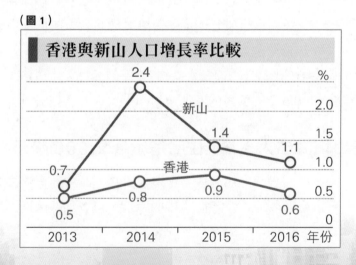

般市民也可負擔的水平。

筆者不想評論新山的樓盤是否吸引，不過也找到一些資料供大家參考，根據 NUMBEO 網站比較新山和香港兩地經濟和樓市的數據，原來新山 2016 年的人口增長率為 1.1%，差不多是同期香港人增長率 0.6% 的一倍（**圖 1**），新山 2016 年的經濟增長率為 5.7%，更是遠遠跑贏香港的 2.0%（**圖 2**）！

港樓價負擔比率高出新山 3 倍

雖然，香港的家庭入息中位數約為 20,294 港元，差不多是新山當地家庭的約 5,139 港元的 3 倍（**圖 3**），然而香港市區的樓價平均每方米約 21.9 萬港元，乃是新山市中心每平方米樓價約 1.53 萬港元的 13 倍有多（**圖 4**）。換句話説，香港一般的家庭收入相對樓價負擔比率，高出新山 3 倍有多，相信和兩地土地供應受到的限制差別有重要關係！

（**圖 2**）

（圖 3）

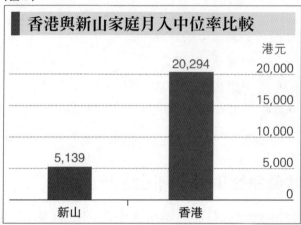

香港與新山家庭月入中位率比較

港元

20,294

（圖 4）

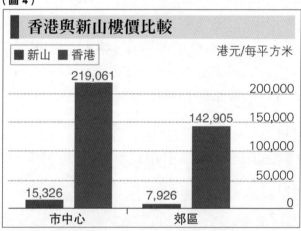

香港與新山樓價比較

■ 新山　■ 香港

港元/每平方米

219,061

142,905

15,326　　7,926

市中心　　郊區

資料來源：NUMBEO

　　香港土地問題導致樓價高企，不少評論更將香港樓市形容為「泡沫」，美聯集團主席黃建業在公司發表業績時創出「剛性泡沫」一詞，頗為有趣。他認為，香港樓市形成「剛性泡沫」的政策因素，包括：

（一）房屋政策：在重重的辣招及銀行壓力測試等措施下，置業門檻設定得極高，市民上車困難。新特首上任後在其首份施政報告中提出以置業為主導，以增加供應為主軸的措施，看來是將房屋政策重點轉移至增加供應，相信有助疏導各階層置業需求。2018 年 2 月底公布的財政預算案中，政府亦無提出任何收緊房屋政策措施，如政府將房屋政策重點放在供應管理而不是壓抑需求的話，本地樓市將會得以健康發展。

港樓市形成「剛性泡沫」？

（二）人口政策：香港家庭數目節節上升，置業需求隨分支家庭數目而增加。與此同時，香港回歸中國逾 20 年，「香港」概念不斷擴大。根據入境處資料，近年，每年均有約 7,000 人透過「一般就業政策」、「輸入內地人才計劃」、「優秀人才入境計劃」、「非本地畢業生留港／回港就業安排」及「資本投資者入境計劃」取得香港居留權。這批「新香港人」成為香港永久居民後，可以毋須繳付 BSD，成為購買力新血。

（三）經濟政策：2017 年發表的《施政報告》預留資金發展科技，並革新稅制，以扶助本地企業，措施料可吸引更多外資公司來港投資，有助吸納資金，長遠為樓市帶來新增長動力。由於外資及創科公司不乏高收入人士，對豪宅市場尤起到刺激作用。

新富戶政策推升了私樓樓價

■ 2018 年 4 月 14 日

　　港元終於跌至 7.85 的警戒線，金管局按聯繫匯率機制終於出手接盤，導致銀行拆息開始抽升。同一時間，中原城市領先指數 CCL 最新報 177.42 點，連續 3 周創新高後回軟，按周跌 0.11%，但這主要反映兩個多星期前的市況，稍後如港元繼續挑戰 7.85 而銀行拆息續升，會否對樓市構成壓力，尚待觀察。

　　香港樓市是否過熱，言人人殊。高力國際一份研究報告，指截至 2018 年 2 月香港的中小型住宅樓價以半年計升了約 6.9%，有關變幅仍屬 1 個標準差內（+12.5%），所以樓市仍未算過熱，不過，筆者發覺由 2018 年頭至 4 月計算，中原樓價指數已升了約 7.5%，若上升速度保持，上半年中原樓價指數便可升逾 11%，已貼近 1 個標準差。而 1996 年以來，按高力的統計，每當中小型樓價半年內升幅高逾 1 個標準差，不久樓市便有調整壓力，而若半年升幅明顯超過 2 個標準差（+21.5%），如 1997 年，樓價之後更會急跌（**圖 1**）。

　　樓價在 2018 年首季急升，發展商開盤售價也愈來愈進取。根據美聯物業的統計，原來首季一手新盤開售價較二手樓高出溢價已升至 18.7%，在 2016 年首季，有關溢價只有 0.7%（**圖 2**），而一手樓價能以遠超二手樓價開售，也令到

（圖1）

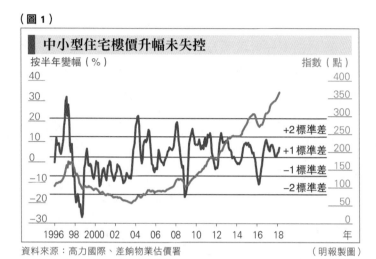

中小型住宅樓價升幅未失控

按半年變幅（％）　　　　　　　　　　　　　　　指數（點）

資料來源：高力國際、差餉物業估價署　　　　　　　（明報製圖）

二手業主更加心雄，於是形成互相強化的作用。當然，能賣得愈貴，發展商獲得的邊際利潤也愈高，不過，也要留意原來首季新盤的銷售金額只有529.1億元（**圖3**），按季減少了6%，而更值得留意的是，新盤銷售金額在2017年首季創出684億元的高位後便連跌2季，第4季稍作反彈，到2018年首季又跌，由高位計累跌了接近四分之一，反映了發展商雖努力托價，能賣出的單位金額卻在萎縮，似不能單以「惜售」來解釋，而是市場的承接力有放緩迹象。

新盤銷售額萎縮　承接力似放緩

文首說到2018年首季樓價升勢頗急，一個可能原因是政府的公屋新富戶政策。事緣政府2017年10月修訂公屋富戶政策，新政策下，若公屋戶的家庭入息超過入息限額5

倍，或家庭資產超過入息限額 100 倍，必須遷離公屋。或許
有住戶為避過被標籤成富戶，紛紛申請刪除家庭成員戶籍，
以留住公屋居住權，或避過多繳屋租，以致觸發大批公屋戶
刪除家庭成員戶籍。原來，在新富戶政策實施後，房署 2017
年第 4 季批准刪除 9,300 個家庭成員戶籍，全年數字錄得
4.11 萬宗，按年升了兩成，更是 2013 年以來新高。另外，
截至 2017 年底全港約有 77 萬戶公屋家庭，過去 5 年房署就
批出近 18 萬宗相關申請，佔公屋戶總數 23%。

　　大家想想，那些因避開富戶政策而主動刪去公屋戶籍的
人士，會去了哪裏居住？大概離不開租樓或去了買私人樓，
他們亦往往成了細單位的租客或新買家，反而推升了有關住
宅的租金和樓價。另要留意的是，雖然有關公屋單位刪除了

（圖 2）

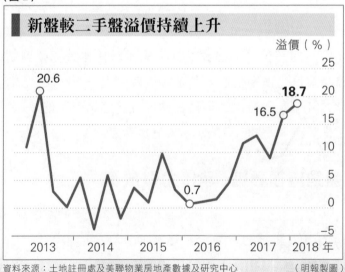

新盤較二手盤溢價持續上升

溢價（%）

20.6

18.7

16.5

0.7

2013　2014　2015　2016　2017　2018 年

資料來源：土地註冊處及美聯物業房地產數據及研究中心　　　　（明報製圖）

部分家庭成員的戶籍，並非全個家庭會遷出，所以並不會交還有關單位予房署而讓申請公屋人士可加快上樓。

施永青：放寬地積比可讓港人住千呎單位

香港的房屋問題，除了樓價貴，還有人均居住面積細，中原地產老闆施永青最近在獅子山學會的一個研討會上指出，香港經濟發展好，但香港人住得差，若以生產力和香港相若的地區比較，一個香港家庭應該有能力居住在 1,000 平方呎的單位。施永青認為，香港亦不是欠缺土地，現在只用了 7% 的土地作住宅用途，市區住宅只佔整體的 4%，如果政府可以放寬地積比率至 3 倍，7% 用地已經足夠每個家庭住 1,000 平方呎，所以目前最重要的是政府需要確定規劃目

（圖 3）

資料來源：一手住宅物業銷售資訊網　　　　　　　　（明報製圖）

標，並決定撥出多少用地來興建住宅。

研討會上另一講者香港奧國經濟學院院長王弼認為，香港已用作發展的 24% 土地當中，只有 7% 用作住宅用途，這 7% 的住宅用地當中，有 3% 更是以低密度鄉村形式發展，因此香港沒有足夠土地用作住屋用途的說法是不成立的。王弼又稱，現時很多討論中的土地供應方案「有你無我」，但只要動腦筋，加入想像力，很多問題就可以解決。

王弼：不回收粉嶺高球場也可建 10 萬戶

王弼以粉嶺高爾夫球場為例，只要改變場內的球洞分佈及周邊建築的位置，在不喪失一個球洞的情況下，不單可以保留高球場，還可以提供 10 萬個住宅單位；假設每個單位住 3 人，就可以容納 30 萬人，對比坊間其他有關高球場的改劃用途建議，例如土地供應專責小組收回整個高球場並興建 13,200 個單位，又或是環保觸覺收回整個高球場以供 10 萬人居住的建議，兩者均不及獅子山學會提出的方案成效的 3 分之 1。

其實，筆者在〈香港土地不足是偽命題〉一文也指出，只要香港能容許大規模填海和引入大量外勞起樓，要在 10 年內額外增加以十萬計、呎價僅 2,000、3,000 元的住宅單位並不困難，屆時樓價高，土地或住宅單位不足，以至港人居住面積偏細等問題都可一一解決，只是大家願不願意而已。

香港正「被動式縮表」

■ 2018 年 4 月 21 日

　　在 2018 年 4 月中開始，港元兌美元多次跌至 7.85 弱方兌換水平，金管局亦因此多次買入港元，以致香港銀行體系結餘減少了數百億元，令 3 個月以上的港元拆息被挾升至 10 年來高位。其實，美國的 2 年期債息同期也升至 2.42 厘以上的 10 年新高，當地的 30 年定息按揭利率在 2017 年第 3 季起也不斷攀升，導致一些指標地區如紐約曼哈頓區的樓市交投急挫（**圖 1**），未知當香港銀行稍後也開始加息尤其 P 按息率回升時，對香港樓市有何影響？

（圖 1）

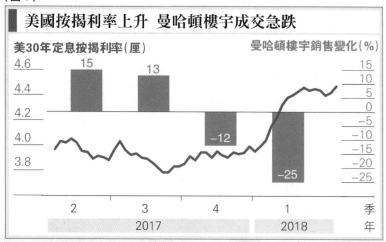

（明報製圖）

金管局買港元而抽緊銀根，工銀亞洲一份研究報告對有關現象給出一個頗貼切的形容詞——「被動式縮表」。是的，自金融海嘯後，美國進行貨幣量化寬鬆（QE），令全球貨幣氾濫，並造成超低息，但美國聯儲局已先後數次加息並在 2017 年底開始縮表，2018 年 2 月起美股開始明顯調整，雖說和中美貿易戰陰霾有關，但也不能排除是美國開始縮表的滯後效應開始出現。

難做高成數按揭　居屋二手市場冷清

事實上，美國加息和縮表令港美息差拉闊，才令港元走弱並跌至 7.85，如今香港也開始要被動式縮表，對股樓的影響，大家也不應太掉以輕心。當然，樓價指數一日繼續創新高，主流意見自傾向看好。2018 年 4 月中截止申請的新一期居屋雖然呎價逾萬元，仍收到 16 萬份以上申請，超額認購 30 多倍，同時收到的「白居二」申請也近 4 萬份，超額 10 多倍，自然被解讀為「樓市需求熾熱，後市只升不跌」。不過，原來 2018 年首季公屋及居屋第二市場合共只錄得 376 宗成交登記，按季減 95 宗或 20%，更是 9 個季度以來最少，和 2016 年第 2 季高位合共 784 宗比較，更是大減 48%（**圖 2**）！

上述數字反映市民對新居屋反應熱烈，但對二手居屋或二手公屋卻冷淡，一來可能是不論是新居屋或新推出的「白居二」，申請還申請，反正所費無幾，最後申請到是否一定會買又是另一回事，可能只是抱着人抽我抽、不抽好像蝕底了

（圖 2）

資料來源：美聯物業、房委會　　　　　　　　　　　　　　（明報製圖）

的心態而已，就像之前也曾發生過申請時熱烈，但當突然股樓大跌，就會發覺真正出現揀樓的人大減，甚至出現滯銷。

　　另外，新居屋可以做九成按揭，二手居屋就算不少偏遠地區的居屋樓價早超過 400 萬元，根本不可申請九成按揭，若樓齡較高的二手居屋，承做按揭可能較私樓更難，首期不夠的唯有只能買新居屋，情況就如能提供高成數按揭的私人新盤，雖然往往有兩成至三成的溢價，不少市民也要被迫幫襯。

供應不足　居屋價低難解決問題

　　因應新居屋申請反應熾熱，政府開始放風說研究將居屋定價和市場價格脫鈎。不過，如市民的居屋需求仍持續強

勁，就算降低定價，也只能令中籤率只有 36 分之 1 的「幸運兒」能以較低價錢買到居屋，向隅者仍然只有徒呼奈何，關鍵是一來居屋供應有限，難以滿足所有申請者的需要，二來是私樓太貴，才令居屋的需求那麼熾熱。

100 多年前已有法國經濟學家指出，當出現饑荒時，就算政府肯用錢補貼市民買食物，如食物根本不足，仍會餓死人；同樣道理，如供應不足，就算居屋如何廉宜，也滿足不了所有要買居屋人士的需求。朋友何濼生教授一早已提出居屋定價與市價脫鈎（何教授建議改為和市民的收入掛鈎），但同時要政府能保證，每個港人一生之中總有機會一定可以買到居屋，將居屋售價和市價脫鈎，這才有意義，否則居屋政策，仍會繼續淪為一個大型的抽獎遊戲。

香港的住宅價格和租金仍向上，但過去數年，香港的

（圖 3）

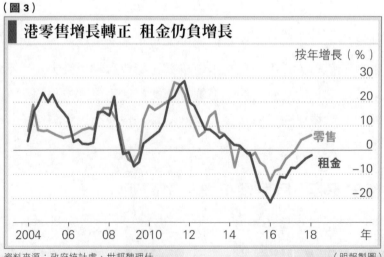

港零售增長轉正 租金仍負增長

按年增長（％）

零售

租金

資料來源：政府統計處、世邦魏理仕　　　　　　　　（明報製圖）

商舖租金卻出現明顯調整，主要是來自零售業不景。不過，2017 年底至 2018 年中這大半年香港零售業開始復蘇，政府公布的零售貨值重回正增長，但商舖租金卻滯後，按年仍是錄得負增長（**圖 3**），這對做零售業的商戶而言屬黃金時刻，因生意好了，但舖租仍在低位未加，即是收入多了，但租金成本卻維持在較低水平，大大有利業績。

賺大錢未必一定要買樓買舖

對於投資者而言，只要看得準，不一定只有買住宅買商舖才可賺大錢，就如若能看準上述的零售復蘇而舖租仍處低位時機，買入一些優質零售股，其賺幅可以極為驚人，例子如賣化妝品的莎莎國際（0178），因業績理想，2018 年只過了 4 個多月，股價升幅便高達六成（**圖 4**）！

（圖 4）

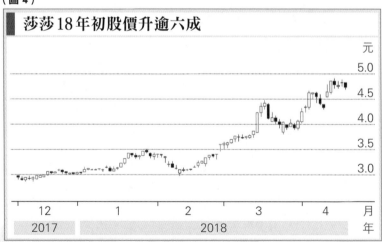

（明報製圖）

政府應考慮遞增式新盤空置稅

■ 2018 年 5 月 5 日

　　樓價指數再破頂，事實上，多年來香港樓價升幅遠遠拋離港人的收入增長（**圖 1**），而智經的一項民意調查顯示，有 68.8% 受訪市民認同置業對個人而言是重要的，當中，年紀較大、家庭月入較高、居住在自置物業或已婚的受訪市民相對其他組別更認為置業重要（**圖 2**）。看來，有關問題已到了不得不正視的時候，政府最近開展的「土地供應大辯論」，大家要認清解決香港土地不足問題的迫切性，不要抱着獨善其身的態度加以迴避。

（圖1）

樓價升幅拋離收入增長

實質樓價指數

實質家庭收入指數

資料來源：團結香港基金

（圖2）

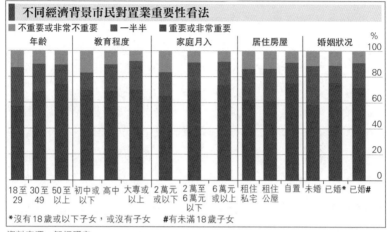

資料來源：智經研究

　　要解決土地或房屋問題，不外乎兩大方向，一是增加供應，這亦是上述大辯論的焦點所在，另一是控制需求，之前政府不得其法只懂收緊按揭和推出各式辣招稅，已證明沒有效用，特首林鄭月娥年前出席立法會時表示會研究對一手樓開徵空置稅，又會否有作用？

新樓落成量增　空置率遲早升

　　特首林鄭月娥出席立法會答問大會時表明不會考慮開徵資產增值稅，但就指政府正研究向一手住宅單位徵收空置稅，會全面評估相關理據、可行性和公眾反應，再作決定。林鄭強調，在樓房單位極度短缺的情況下，「應該所有可以用來住的房屋都用來住，不是用來囤積、不是用來炒」。其實，財政司司長陳茂波已曾放風指留意到一手樓盤的現樓貨尾單

位有 9,000 多個，會考慮研究推出空置稅，觀乎林鄭再為此題目出聲，相信真正推出一手樓空置稅的時間不會太遠。不過，不少分析認為現時香港的住宅空置率低，樓宇需求強勁，就算真箇推出一手樓空置稅，也未必對遏抑樓價有太大作用。

筆者認為，一手樓空置稅有沒有用，要視乎供應會否明顯增加，如供應根本不夠，有沒有空置稅的分別不大，事實上新樓落成量愈來愈多，空置率遲早會攀升（**圖 3**），但當樓宇供應陸續增加，而發展商又慢慢賣樓的話，存貨便會愈來愈多，當政府落實了一手樓要繳付空置稅後，發展商便要繳交愈來愈多的空置稅。

如政府再狠一點，比如空置稅率是按半年遞增，稅率又夠高的話，比如半年內不將已落成的空置單位售出，按估值 5% 徵收，而再過半年仍是空置的話，稅率會加至 10%，再過半年的加至 15%，發展商求價不求量的賣樓策略一定會改變，絕不敢以囤積單位來托樓價！

（**圖 3**）

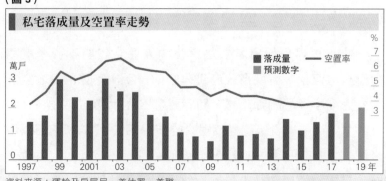

私宅落成量及空置率走勢

資料來源：運輸及房屋局、差估署、美聯

　　説回土地供應大辯論，有關方面提出了 18 個土地供應選項，其中一個較重要的要算是填海造地。團結香港基金委託中大亞太研究所，在 2018 年 3 月 21 日至 28 日期間以電話隨機抽樣方式，成功訪問 1,002 名 18 歲或以上香港市民。調查顯示，45.3% 受訪者贊成在維港以外填海興建新市鎮，33.9% 反對，無意見者佔 20.8%。被問到是否贊成在大嶼山東面發展人工島，46% 人表示支持，24.9% 反對，29.2% 表示無意見。另外，調查詢問受訪者是否需要發展規模相當於沙田的大型新市鎮，62.3% 受訪者表示贊成，當中有 59.2%人認為至少要開拓 2 個或以上才足夠。

團結香港基金調查　多贊成維港外填海

　　團結香港基金總幹事黃元山認為，政府估算未來 30 年需要 4,800 公頃土地，遠低於市民期望，必須尋求新的土地供應，認為最有效增加土地供應的方法是在維港以外水域進行大規模填海。

　　有朋友看到上述的調查結果後對筆者表示，只是 45.3%的受訪者贊成在維港以外填海興建新市鎮，比例還未過半，未必值得重視。不過，朋友似乎忽略了其實是有 20.8% 表示無意見，反對只有 33.9%，單以贊成和反對作相比，即是將45.3% 除以 33.9%，即贊成的受訪者比反對多出 33% 以上，有壓倒性優勢。當然，要全部香港人 100% 同意某一議題，在香港近乎不可能，但當贊成遠勝反對的民意基礎下，仍不推展填海造地，那任何諮詢都只會是議而不決，又或決而不行。

林奮強：遷大灣區　生活開支較低

　　黃金五十創辦人林奮強對土地供應大辯論頗為悲觀，認為 18 個選項到能落實時為時已晚，而香港的私樓租金佔入息比例 5 年間由 24% 急升了 5 個百分點至 29%（**圖 4**），他建議不如將公屋私有化，變相增加流動性等同增加供應以紓緩租金上升壓力，同時老人也可藉出售公屋套現，然後遷往大灣區居住，以享較低生活和租金開支，他本人也將會在未來一年遷往大灣區居住，並來回香港工作，以體驗高鐵通車後住在大灣區而在香港工作的方便。

（圖 4）

私宅租金佔收入比例急增

佔比（%）

- 2006：23.7
- 2011：24.0
- 2016：29.3
- 2016（劏房住戶）：31.8

註：收入為中位數

資料來源：政府統計處

誠哥籲買樓自住用現金

■ 2018 年 5 月 12 日

　　「超人」李嘉誠正式退休，在股東會大家自然不放過機會問他對樓市的意見，誠哥回應股東及傳媒有關提問時指估計美國 2018 年 6 月會加息，並指「如果你有現金，買來自住唔緊要，但炒炒吓唔好制，現在香港樓價接近全世界最貴，所以要小心，量力而為，呢個一定要！」

　　李超人對樓市的評論，可解讀為香港樓價確實是貴，加上加息在即，忠告買樓就算是自住也要小心，且最好是現金入市，即是若要用高成數按揭或靠父幹才勉強可買樓，又或炒樓，最好盡量避免。

　　李嘉誠又說人人都希望可解決住屋問題，並指出公屋的申請者需求殷切，因此贊成早前土地供應專責小組提出的公私營合作模式，發展私人新界農地儲備，認為這些供應可以解決大部分受薪人士的居住需求。

二手公屋平均成交金額首破 300 萬

　　超人說到公屋申請，而 2018 年 5 月 11 日新公布的公屋輪候冊數字顯示，截至 3 月底，有約 26.33 萬宗申請，一般申請者平均輪候時間長達 5.1 年，相比之下，公屋輪候時間

在 2003 至 2010 年間一度回落至約兩年，其間最低曾見 1.8 年，但這個數字近年漸次回升，2014 年突破 3 年，2017 年底已升至 4.7 年。

　　香港的公屋申請時間愈來愈長，原來 2018 年 4 月份平均每宗二手公屋（包括已補地價的自由市場及未補地價的第二市場）註冊金額達 315.9 萬元，為有紀錄以來單月首次衝破 300 萬元水平（**圖 1**）。而在 2003 年樓市最低潮時，二手公屋平均成交金額只約 30 餘萬元，即這十多年來升了 9 倍多，而二手公屋一向是較低收入家庭的上車對象，有關家庭的收入同期增長相信會遠遠落後二手公屋樓價的颷升速度。

（**圖 1**）

資料來源：土地註冊處、美聯物業

3 個月拆息續升　遲早壓樓市

　　另外，超人指美國快加息，叫大家小心，雖然不少地產代理一直吹噓指香港仍未加最優惠利率（P），但其實現在新做按揭採取 P 按的只佔 2.6%，近年大部分新買樓者都已採用拆息按揭。銀行的拆息實際已上升了一段時間，最近 1 個月拆息雖稍為回軟，但令人擔心的 3 個月拆息卻屢創高位（**圖 2**），有老行尊對筆者說，過往拆息按揭主要以 1 個月拆息計算，但近期已開始有銀行轉用 3 個月拆息計算，又或訂明有權改以 3 個月拆息計算，所以 3 個月銀行拆息不斷被扯高，遲早會成為樓市壓力。

　　其實，代理說因 P 利率未升不用擔心，買樓的也不一定是任你吹的傻瓜，所以截至 2018 年 3 月份選用定息新做按揭的比例也猛增至 45.4%（**圖 3**）。不過你精銀行自然更加不笨，當月已有兩大龍頭銀行停止提供定息按揭，之後其他銀行亦陸續跟隨。

銀行陸續停做定息按揭

　　說回李嘉誠，在股東會上有股東指售出中環中心叫價才 3 萬元，但買方轉手叫價隨時高達 5、6 萬元，李笑言：「自己人工已沒有得扣，認為公司工作團隊沒有錯，人家也有利潤，世界就好。」他進一步指若出售中環中心所得，用於投資

一些國家、地區的一級樓宇，可賺以倍計，是有機會的，目前正接洽中。

李超人沒有透露香港以外，買什麼國家或地區的一級樓宇可賺以倍計，不過多留意海外的置業投資機會，也不是壞事。香港人在港外買樓，有投資的，也有用來自用或作退休養老的，如是後者，有什麼因素應要考慮？《退休做中產》作者陸振輝認為，香港人如選擇到外地買樓退休，首先是氣候宜人，「年紀大了，不宜居住在寒冷地方，最好是空氣清新，四面環海，環境綠化，陽光充沛，既要生活方便，又要能避開繁囂嘈雜！」

另外，陸說退休人士收入受限制，所以擇居的地方，最好是少少金錢已可購置寬敞的居所，物業也要有好的配套，尤其是醫療要優質但開支要低，物業的保安要嚴密，才會住得安心，樂享天年，「選擇海外退休的地點，交通方便也很重要，一來可方便回香港探親朋戚友，也方便家人來探望，如住所附近有好的酒店，家人和朋友來探望時，也可住在酒店配套。還有，退休居住的地方，如大馬的華人所佔比例接近三成，左鄰右舍同聲同氣，會更易融入」。

最後，他說在退休前在香港賺錢，退休後最好在物價水平低的地方生活和消費，如此便能真正輕鬆做到他的著作所提倡的「退休做中產」！

（圖 2）

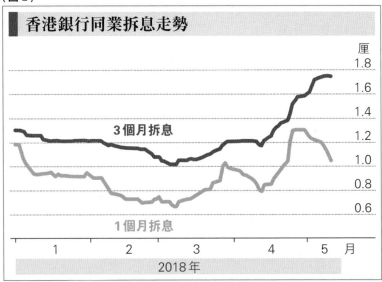

香港銀行同業拆息走勢

3個月拆息

1個月拆息

2018年

（圖 3）

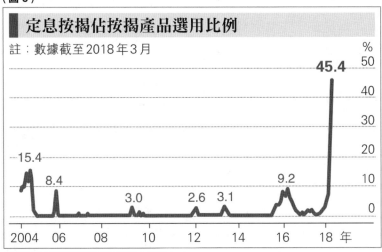

定息按揭佔按揭產品選用比例

註：數據截至2018年3月

45.4

15.4

8.4

3.0

2.6 3.1

9.2

資料來源：經絡按揭轉介研究部、金管局

港樓價出現 M 形現象

■ 2018 年 5 月 19 日

　　國家主席習近平 2018 年年中下達重要指令，支持香港發展成「國際創新科技中心」，會在資金及人才輸入等給予配合，有朋友在網上分析，有關政策會進一步推高香港的樓價和租金。不過，香港要發展成為國際創新科技中心，樓價高和租金高也是一種障礙。

　　筆者聽過一家國際電腦機構的高管說過，他們在新加坡聘用的員工數目是香港的 6 倍，一個重要原因是在當地可以隨時為有關員工提供千多呎的理想居所，但在香港租用太古城的細單位成本也相當高昂，所以海外員工寧願到新加坡工作也不願來香港。

美巨額津貼 Tesla 在港恐被批官商勾結

　　除了住宅，香港的寫字樓和廠廈租金也相當高，同樣增加了經營科技行業的成本。大家都熟悉的電動車 Tesla，其創辦人馬斯克 3 家公司，2015 年就獲得美國當局 46 億美元的津貼；他的公司 Solar City，在水牛城設廠，每年租金只是 1 美元。如果情況發生在香港，政府以 1 元租地予私人企業拓展業務，不要說肯定被立法會議員拉布，更會惹來傳媒及社

會批評為「官商勾結」！

　　香港近年最容易惹來批評的，除了所謂「官商勾結」，便是「地產霸權」。去年啟德的新地王，由新鴻基地產（0016）以破盡全港官地紀錄的 251.61 億元投得，每平方呎樓面地價高見 17,776 元，而新地預計投資額約 400 億元，自然又會被指為「地產霸權」的鐵證。

地產股股價遠落後樓價

　　其實，香港地價和樓價不斷破頂，很大原因是自 2008 年金融海嘯後各國政府不斷印銀紙放水，自然推高資產價格，香港樓價指數早已升破 2008 年高位，不過剛投得啟德地王的新地，最新股價仍只是 128 元左右，雖較海嘯後低位大升，但和 2008 年高位約 175.4 元相比，仍有接近三成的折讓（**圖 1**）。

（圖 1）

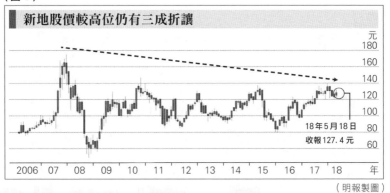

新地股價較高位仍有三成折讓

18 年 5 月 18 日
收報 127.4 元

2006　07　08　09　10　11　12　13　14　15　16　17　18　年

（明報製圖）

　　以上事實説明，地價和樓價屢創新高，未必對發展商最有利，因為發展商以高價賣了樓，便又要以更高價買地，其經營成本也愈來愈高，另一原因，地價和樓價高，也和政府能推出的土地供應受到限制有關，以至發展商買地也愈來愈困難，想多做生意也不行，地產霸權之説又從何説起？

　　不過，大家可記得多年前有本名為《地產霸權》的書惹來市場熱議，之後政府為表明配合民意要壓抑樓價，不斷推出辣招税和收緊按揭。然而，辣招税出台後，二手業主更加不願放盤，樓價不跌反升得更厲害，又因市民愈來愈難借得首期，除了富裕階層可繼續買大單位，一般市民只能買發展商提供高成數按揭的劏房式新盤，於是，樓市便出現了 M 形的畸形現象，大單位和最細單位的呎價最貴。

大單位迷你戶呎價最高

　　美聯物業綜合《一手住宅物業銷售資訊網》資料顯示，

（圖 2）

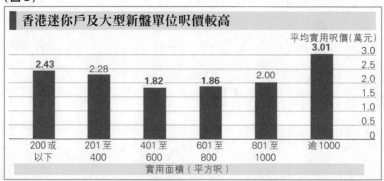

香港迷你戶及大型新盤單位呎價較高

平均實用呎價（萬元）

實用面積（平方呎）	平均實用呎價（萬元）
200 或以下	2.43
201 至 400	2.28
401 至 600	1.82
601 至 800	1.86
801 至 1000	2.00
逾 1000	3.01

資料來源：美聯　　　　　　　　　　　　　　　　（明報製圖）

在不包括村屋、一約多伙及全幢物業等成交下，2018 年首 4 個月新盤售出約 4,435 伙（包括全新盤及貨尾），當中實用面積逾 1,000 平方呎平均呎價超過 3 萬元；緊隨其後的是 200 平方呎或以下「迷你盤」，平均呎價為 24,200 多元；反觀，實用面積 401 至 600 平方呎，以及 601 至 800 平方呎的單位平均約 1.8 萬多元，為各類面積之中最低（**圖 2**），可見香港樓市確實出現了 M 形現象。

在香港樓價出現 M 形現象下，最近長沙灣一個已屆 30 年樓齡的公共屋邨李鄭屋邨，其中一個實用面積僅 494 呎單位，竟以高達 538 萬元在二手市場成交，每呎成交價高達 10,891 元！

可以這樣說，對不少香港人來說，樓價愈貴，便要愈住愈細，生活質素也只能不斷下降。何濼生教授早前引述 2018 年 3 月公布的 2018 Mercer（美世）全球宜居城市最新排行榜，香港的排名低見 71 位，我們的競爭對手新加坡卻成為亞洲最宜居城市，全球排名為 25，遠勝香港，其中一大原因應該是香港人均居住面積狹小，只有 161 平方呎，恐怕是全球主要城市中最不堪；相反，新加坡逾八成人口住入價廉物美的 Housing and Development Board 組屋，還有花園城市的美譽。

放眼海外　退休可以很愜意

造成這個局面，和香港近年不肯填海造地，而新加坡卻

肯填海起樓起屋有莫大關係，相信香港有關情況短期之內也難改變，那港人又有何應對或自救的方法，尤其是一些已快退休，儲蓄不多，收入難再增長的市民，又可如何改善居住和生活質素？

《退休做中產》作者陸振輝就認為，不少香港人都擔心退休後沒有足夠的儲蓄過愜意的生活，但其實如上述李鄭屋邨的原業主，賣樓後套現 500 多萬元，將其中 100 餘萬元在海外買入一個單位，其餘約 400 萬買入有 6 厘至 7 厘的房託收息，便可住大屋之餘，每月還有 2 萬多元可花，且海外消費水平往往較低，應能過上遠較香港住在又擠又舊單位，又沒有鬆動資金消費的生活好。

18年全球宜居城市部分排名	
排名	**城市**
1	維也納
2	蘇黎世
3	奧克蘭/慕尼黑
25	新加坡
41	倫敦
50	東京
71	香港
79	首爾
84	台北
119	北京
130	深圳
225	大馬士革
229	薩那
231	巴格達

資料來源：美世人力資源顧問公司

樓價與競爭力背馳的迷思

■ 2018 年 5 月 26 日

　　一個地方的樓價就算高企，如是反映其競爭力強勁，本來也不是大問題，不過，瑞士洛桑國際管理發展學院發表《2018 年世界競爭力年報》，評估全球 63 個經濟體競爭力，之前 2 年排首名的香港在 2018 年跌至第 2，被美國超前，是否預示不斷破頂的香港樓價，只是由供應不足或投機資金所推升？

　　根據洛桑報告，香港在「管治效率」和「營商效率」連續 4 年居首，但「基礎建設」在 2018 年由第 20 位降至第 23 位，當中「科學基建」的排名較低。財政司司長陳茂波回應時稱，香港在科技和科研基建發展確是「落後了」，但政府已加大投資，重申香港依然有競爭力。

　　香港基礎建設排名倒退，甚至拖累香港整體的競爭力排名，原因很多，可以是每當政府推出基礎建設時，都受政客拉布或抗議阻撓，也可能是香港近年樓價不斷攀升，人們發覺投資在科研或基建上的回報，遠不如直接投資地產。另外，不少基建建設，都要土地配合，但現在不論填海或舊區重建，都會遇到環保界人士挺身而出，以保育為由加以阻

撓，長此下去，香港的競爭排名，難保會不斷被其他國家或
地區爬頭。

經濟強勁　社會發展停滯

　　香港的土地問題不單影響基建或競爭力，更是樓價和
租金不斷攀升的元兇，進一步影響香港的社會發展。香港
社會服務聯會（社聯）2018 年中公布「香港社會發展指數
2018」，採用 2016 年的各項社會發展指標數據，分析香港整
體社會發展。經加權計算後，2016 年的整體社會發展指數為
205（基準年 1991 年為 100），較 2014 年輕微倒退 1 點，
是自社會發展指數發布 18 年來，首次在經濟發展強勁下，錄
得社會發展停滯。

　　社聯業務總監黃健偉表示：「過去 10 年，香港經濟發展
強勁，但貧富懸殊狀況未見改善，基層享受到的經濟發展成
果有限。『房屋分類指數』倒退是拖累社會發展指數下跌的重
要因素。基層市民安居愈來愈難，房屋問題成為本地貧窮狀
況的結構原因。」

基層壓縮生活開支交租

　　「房屋分類指數」自 2008 年起急劇下跌，由 2008 年
的 86 大幅跌至 2010 年的 -5，自此跌勢未停，2016 年更跌
至 -342，較 2014 年的 -238 大幅倒退 43.5%。社聯表示，公
屋輪候宗數持續上升，2016 年有 284,800 宗，最新的平均輪

候時間更達 5.1 年（截至 2018 年 3 月底），加上整體住屋開支佔住戶總開支的比例進一步升至 35.8%，租住私樓的基層市民經濟壓力尤其沉重，租金佔開支比例達到 44%，他們要壓縮其他生活所需以應付租金開支。

正如社聯表示，過去多年公屋輪候宗數和時間更多和更久，樓價和租金也錄明顯升幅，若以此計算「房屋分類指數」應會得出比 2016 年更低的分數，亦會對「香港社會發展指數」造成更大拖累，不論政府或民間包括政客，都要更正視香港的土地和房屋問題。

（圖 1）

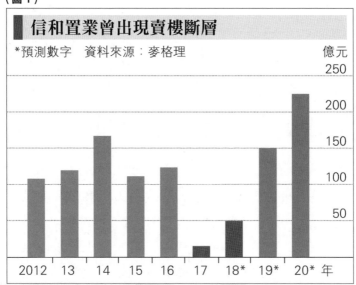

信和置業曾出現賣樓斷層

*預測數字　資料來源：麥格理

　　大家可能以為，土地和房屋問題只會困擾小市民，大財團一定很歡迎這種情況，因可以藉買地起樓大賺。不過，以往一直被喻為地產大好友的信和（0083），不知是否認為地價過高，抑或是其他原因而放慢投地，以至過去 2 年幾乎出現賣樓「斷層」**（圖 1）**，亦拖累其股價長期打橫行，至近一兩年才重新積極買地，估計踏入 2019 和 2020 年才有較多樓盤可賣，但未知到時香港樓價是否仍然熾熱暢旺？

零售回暖　領展走勢現突破

　　往後香港樓市是否仍在高位未知，現在除了住宅，商廈市道也極興旺。皇家特許測量師學會（Royal Institution of Chartered Surveyors，RICS）發表 2018 年第 1 季香港商業地產市場調查報告，受訪測量師大部分預測未來 12 個月甲級商廈（Prime Office）和租金會升 6% 至 7%，零售物業（商場及商舖）的預期也出現改變，並普遍預測未來 12 個有關物業租金不再下跌**（圖 2）**。事實上，近期港股雖反覆，但擁大量優質零售物業收租的房託領展（0823），其股價卻升破了箱形徘徊區**（圖 3）**，值得投資者留意。

　　筆者 2018 年與朋友到菲律賓宿霧（Cebu）一遊，獲介紹認識一名來自香港、卻在當地成為大發展商的楊姓企業家，請教他在當地發展經驗和最新市況，值得和大家分享。這位楊姓企業家原在香港從事鑽石買賣，也有參與物業投資，數十年前娶了一名菲律賓太太，太太不斷在當地買地買島，到了 2003 年，楊姓企業家開始大規模發展當地的住

（圖2）

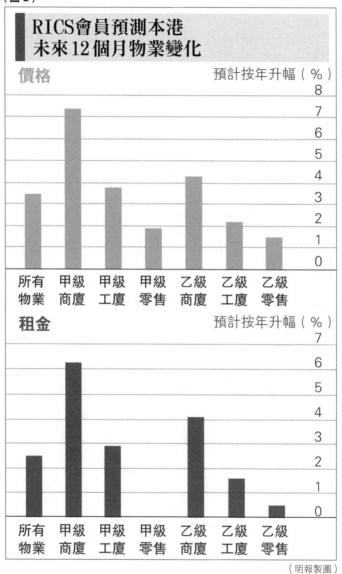

RICS會員預測本港未來12個月物業變化

價格 — 預計按年升幅（％）

所有物業／甲級商廈／甲級工廈／甲級零售／乙級商廈／乙級工廈／乙級零售

租金 — 預計按年升幅（％）

所有物業／甲級商廈／甲級工廈／甲級零售／乙級商廈／乙級工廈／乙級零售

（明報製圖）

宅、商廈及度假村等。

他說，近年宿霧的物業市場大旺，地價漲了數倍至十多倍，他興建的別墅及住宅項目，逾千個單位往往 2、3 個月便可售罄。現在當地不容易買地，好在早年已有大批土地儲備才能應付，而當地樓價雖然已漲了不少，但和菲律賓首府馬尼拉相比，仍低約一半，和香港比較，差距更是一般香港人難以想像。比方說他旗下一些 2 層別墅，面積 3,000 多呎，售價只是約 150 萬港元。另外，他在當地投資作收租的商廈，每年收租淨回報有約 7 厘，同樣是遠超香港。

問他會否再在香港投資物業，他說現時在香港買地每呎隨時要萬多兩萬元，一個地盤動輒要數十億元，直接買樓更要付重稅，豪宅的租金回報率低至 1 厘，實在難以接受，現時只保留早前購入的嘉慧園一個單位便算了。

（圖 3）

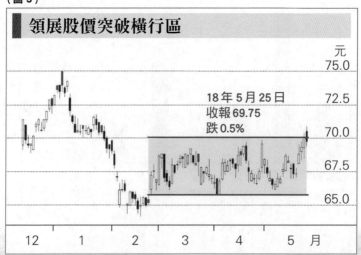

樓市如 97 出現永升不跌言論

■ 2018 年 6 月 2 日

　　2018 年 5 月，香港接連多日破了 1884 年以來天文台 5 月份最長酷熱天氣紀錄。樓市也繼續火熱非常，差餉物業估價署公布的最新數據顯示，截至 2018 年 4 月份私人住宅售價指數報 375.9 點，按月上升約 1.84%，已連續上升 25 個月，並連續 18 個月創新高。究竟香港的天氣和樓市，會繼續熾熱多久？

　　《黑天鵝效應》的作者納西姆‧尼可拉斯‧塔雷伯（Nassim Nicholas Taleb）曾指出，當連續比如超過一星期都是好天大太陽之後，大多數人出門都預計會繼續好天氣，而不會帶備雨傘，但如突然天氣變壞，就會狼狽不堪；相反，如果連續多日大雨滂沱，就算天文台預測會放晴，人們也會帶雨傘雨衣出門，極其小心。

　　當樓價連升 25 個月以後，很自然 10 個有 9 個人都會繼續看好後市，近日更有代理老闆在報章撰文〈樓價永遠不會平〉，原來世上真的有「永遠」這回事？不過，在 1997 年時，筆者也曾聽過有代理老闆說香港樓價是永遠只升不跌，只有買貴沒有買錯！

近兩年樓價升幅為通脹 11 倍

　　根據差估署的數據，香港樓價在過去 2 年平均升 38.5%，統計署數據顯示同期香港的個人中位數收入只升 18.84%，家庭中位收入更只升了 12%，消費物價指數（約等於通脹）更只錄得約 3.09% 的升幅。即是説，過去 2 年樓價升幅是香港個人收入升幅的 1 倍多，家庭中位收入升幅的 2.2 倍，以及香港通脹的 11 倍有多，大家認為這是合理和可永遠繼續下去嗎？

　　同樣根據差估署的數據，截至 2018 年 4 月的 A 類型住宅單位、即面積小於 40 平方米或約 430 平方呎，可視為上車盤，將 40 平方米乘以該類單位的平均每米樓價，可算出香港的新界、九龍和港島上車盤售價約為 557.3 萬元、595.1 萬元和 727 萬元（**圖 1**），然後除以中位家庭收入 2.8 萬元，得出新界上車盤售價約為中位家庭的 16.58 年收入，九龍上車盤為 17.71 年，港島上車盤則達 21.64 年。

新界上車盤月租佔家庭收入逾半

　　採用上述相同計算方法，新界、九龍和港島上車盤的平均月租分別約為 1.24 萬元、1.52 萬元和 1.84 萬元，約佔一般家庭收入的 51%、54% 和 66%，反映香港市民不單買樓負擔重，就算是租住上車盤的負擔也相當吃力。

（圖1）

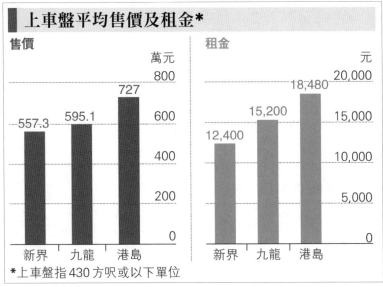

上車盤平均售價及租金*

售價　萬元

新界	九龍	港島
557.3	595.1	727

租金　元

新界	九龍	港島
12,400	15,200	18,480

*上車盤指 430 方呎或以下單位

資料來源：差估署

　　差估署的數據指面積 430 平方呎以下新界上車盤，平均售價也要 557.3 萬元，原來香港置業也有研究報告指，現時 500 萬或以下二手物業成交比例，已跌至 33.3%（**圖2**），即現時有 3 分之 2 的二手樓成交，樓價要高於 500 萬元，原來在 2012 年時，500 萬或以下的成交比例高達 80% 以上。

　　另外，大部分人買樓，都極少能一筆過付清樓價，所以根據按揭轉介機構經絡的研究，現在按揭平均貸款金額，也升至 400 萬元以上。在 2003 年樓市最低潮時，按揭平均貸款金額只是 112 萬元左右，即在 15 年時間升了差不多 3 倍（**圖3**）。

（圖2）

500萬元以下二手成交只佔33%

佔比（%）

現時 500 萬或以下二手物業成交
比例跌至 33.3%，即有三分之二的
二手樓樓價高於 500 萬元

33.3

2012　2013　2014　2015　2016　2017　2018 年

註：數據截至 2018 年 5 月 30 日

資料來源：香港置業

（圖3）

平均按揭借貸額自2003年持續上升

萬元

403

現時按揭平均貸款金額升
至 400 萬元以上，15 年
間上升了差不多 3 倍

2000　02　04　06　08　10　12　14　16　18 年

資料來源：經絡按揭轉介

「父幹」付首期　形成低借貸假象

大家經常聽到一種說法，說新做按揭的借貸比例只有四成多，又說不少單位已供完樓，但其實借貸比例或許不高，但是每宗按揭的實際按揭借貸金額是愈來愈高。大家不要忘記，現在有部分人士買樓是要透過發展商的高成數按揭又或要財仔入市，一些要利用「父幹」付首期的，個人的按揭比例雖低，卻可能其實是父母代供，以致出現低借貸的假象。

最近在一個飯局認識了一個來自北京而在香港為證券商工作的新朋友，這位朋友說現在從事一般的證券買賣，實在沒有多少佣金可賺，他主要服務內地的客戶，有關客戶最有興趣是參與 Pre-IPO 和固定收益工具的場外交易買賣，這些業務才有肉食。

所謂 Pre-IPO，是一些有上市潛質的公司，預計未來一段時間可以上市，便先從市場進行集資，有關資金變相以低價入股，將來如順利上市，就可以大賺，否則只可收息。

至於那些場外交易的固定收益工具，往往可提供 9 厘甚至 10 多、20 厘的息率，但當然違約風險會較高，畢竟世上能夠每年穩賺 10 多、20 厘的生意可以有多少，若融資已要如此高息，能生存下去不容易。

然而，近期在國家主席習近平主導要去槓桿的形勢下，繼 2017 年以高價在香港搶地的海航系出事後，2018 年牽頭

以 402 億買入中環中心的中國國儲能源化工集團，一隻 5 月
11 日到期的 3.5 億美元票息 5.25 厘的票據尚未兌付，公司僅
支付債券在到期日前的應計利息，該筆債券違約已引發交叉
違約，旗下 2 隻債券已停牌。該兩隻債券分別為 2021 年到
期票息為 5.55 厘的美元債券，以及 2022 年到期票息為 6.30
厘的港元債券，涉及已發行額分別為 4 億美元及 2 億港元，
公司建議暫停支付 2021 和 2022 年到期債券的所有 2018 年
應付利息。公司表示，由於過去 2 年中國信貸環境收緊，公
司包括銀行貸款和境內發債在內的國內融資渠道受限，導致
集團流動性緊張。

　　事實上，國儲能源早已要將中環中心的權益改由世茂
（0813）主席許榮茂和金利豐（1031）行政總裁朱太承接，
覺得北水可以無限來港撐起香港樓市永升不跌的，也應要小
心一點。

捂盤不賣　製造人為供應樽頸

■ 2018 年 6 月 9 日

　　根據運輸及房屋局數據，未來 3 至 4 年的私人住宅潛在供應量逼近 10 萬個單位，折合平均每年應有 2 萬多伙可以應市，本應有壓抑樓價的作用，但差餉物業估價署數據卻顯示香港樓價已連升了 25 個月，不斷破頂，到底是需求真的太勁，抑或是人為製造的樽頸造成供應不能到位所致？

　　如上文所言，如按官方數據，市場理應每年有 2 萬伙以上的新供應，又或每半年應有約 1 萬多個新單位可以推出，但大家可知道，原來 2018 年上半年，發展商只推出了 4,524 個單位，僅為 2017 年下半年推出 10,373 個單位的一半也不夠（圖 1）！

　　財爺陳茂波曾說新盤貨尾單位約 9,000 個，會研究開徵一手樓空置稅，其後又明言有關研究已快完成，雖有發展商說貨尾增加，並不是他們囤積不想賣樓，只是賣不到而更不想蝕本賣樓，但在樓價不斷破頂情況下，實在難以想像現在賣樓會蝕本？而上述數字表明，2018 年上半年發展商確實是「捂盤」（內地用語，實在非常傳神）不賣，客觀上造成了供應樽頸，那就算政府如何增加土地供應，一日人為樽頸不打破，一日市場都會是供不應求。

（圖1）

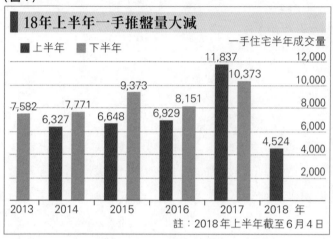

18年上半年一手推盤量大減

一手住宅半年成交量

■ 上半年　■ 下半年

7,582　6,327　7,771　6,648　9,373　6,929　8,151　11,837　10,373　4,524

2013　2014　2015　2016　2017　2018　年

註：2018年上半年截至6月4日

落成 3 年未賣新盤逾 1,700 伙

　　如果說，發展商不賣樓，可能只是一時三刻市況不就造成，還說得過去。不過按中原地產提供的數字顯示，發展商持有包括貨尾及未推而已可出售的單位，2018 年落成的有 7,011 伙，落成已有 1 年而未售的單位卻多達 4,495 伙，落成 2 年仍未售則有 1,227 伙，落成 3 年或以上仍未售也有 1,724 伙（**圖 2**）。過去幾年樓市大熱，不少二手凶宅也可以賣得出，卻有超過 1,700 伙已落成 3 年的新樓仍賣不出，是市況不就，還是「捂盤」行為？

　　除了新樓空置稅，陳茂坡在立法會被民建聯主席李慧琼問及，由現屆政府上任起，樓價持續上升，會否效法外國實行限購樓宇措施？陳茂波回應稱，政府亦有研究實行限購措施，「但政府會否做，就不便在這裏評論，不論我說會還是不

（圖 2）

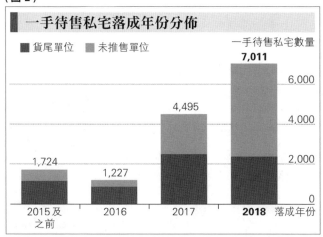

資料來源：中原

會，都會被市場過度解讀，然後對樓市推波助瀾。」

空置稅具針對性　發展商反應大

　　對於政府有可能推出新盤空置稅，發展商反對聲音不小，有朋友說業界反對聲音愈大，便可能反映政策真的有針對性，「針拮到肉」才會有如此大的反應。至於若政府進一步推出限購措施，朋友說自從非自住樓要繳付 15% 的辣招，買樓要找首置人頭後，將來或會如上海出現離婚潮，以至可以多買一層樓？

　　現在香港除了住宅供應出現人為樽頸令樓價瘋漲，近年的車位市場也是熱爆。2018 年何文田豪宅盤天鑄一個車位以高達 600 萬元易手，令大眾嘩然！其實，現在平均每個車位的二手成交價也已高逾 200 萬元（圖 3），過往大家都說年輕

人要 10 多年的收入才可以買樓，或許遲一點，年輕人 10 多年的收入連買個車位也不夠。

車位瘋漲　港府規劃失當造成

車位價格爆升，有議員曾分析可能與政府的規劃失誤和近年納米住宅單位盛行有關。原來，全港資助房屋及私人屋苑均參考《香港規劃標準與準則》的指引，以決定發展項目中的泊車位供應量。立法會交通事務委員會成員譚文豪接受傳媒訪問時表示，政府近十多年來，多次調低規劃標準中的車位配置比例，其中 2002 年建議引入「需求調整比率」，按單位面積計算車位數量，單位面積愈小，車位量愈少；最近一次是在 2014 年降低私樓中小型單位的車位比例。

譚分析，政府於 2011 年推限呎地令納米樓頻生，但樓

（圖 3）

本港純車位平均註冊金額

平均每宗純車位註冊金額（萬元）

2018 年 5 月
210 萬元

資料來源：美聯

價仍大幅攀升，市民雖然「愈住愈細」，但買車能力不變，批評在 2014 年再減車位比例，未能配合納米樓應運而生的情況，令車位供應更緊張。

日前舉行的「粵港澳大灣區金融科技論壇」以「共建世界級金融科技灣區」為題，探討如何推進大灣區金融科技創新及培養金融人才。香港大學經濟及工商管理學院院長蔡洪濱在論壇上表示，大灣區面對人才流動的問題，而阻礙人才來港的首要原因是樓價過高，無法吸引年輕人才來港。

對於蔡洪濱的看法，深圳市人民政府金融發展服務辦公室主任何曉軍作出回應，他指房屋並不是問題，因為高鐵香港段即將通車，屆時從香港到深圳只需 14 分鐘，隨着交通便捷，港人可到大灣區其他城市居住。

深圳住房政策　力爭大灣區人才

其實，大家也應留意深圳住建局計劃到 2035 年籌建各類住房 170 萬套，其中人才住房佔 20% 左右，達 34 萬套。據報道，有關的人才住房，只要符合深圳高層次人才各級標準的人士，便可以申請免租入住一定年限、相應面積標準的住房。而在深圳全職工作滿 5 年以上，更可按優惠政策購買人才住房或者申請獲贈住房產權。這意味着如果港澳人士被認定為深圳高層次人才，也可受惠於該政策，未知有關政策會否與香港構成人才競爭，香港是否也可以構思相似的人才住房政策？

超人高賣低買　投資出神入化

■ 2018 年 6 月 16 日

　　筆者的哥哥常說，投資就如吃自助餐，不同的人喜歡不同的投資方法，有人喜歡跟紅頂白，愈平愈不敢買，卻鍾情鬥搶高追；也有人喜歡低買高賣，真是各適其適。

　　2018 年以 402 億元易手的中環中心，新買家不惜以最高息率達 19 厘完成交易，然後快手快腳將單位拆售，但原來的大業主長實（1113）同年宣布，以 10 億英鎊（約 105.24 億港元）收購英國倫敦「5 Broadgate」甲級商廈，該物業毗鄰倫敦市 Liverpool Street 火車站及地鐵站，建築面積約 120 萬平方呎，物業自 2015 年落成後由瑞銀（UBS）承租作為英國總部，租約年期至 2035 年。

4 分 1 錢　獲以往一半收入

　　最有趣的地方是，長實執行委員會成員馬勵志就交易作出評論，他稱與集團較早時出售的中環中心相比，「5 Broadgate」物業的呎價只是中環中心 3 分之 1，運用出售中環中心所得的 4 分之 1 金額，購入「5 Broadgate」物業，每年可得租金收入接近中環中心的一半。以這 2 座物業之成交價計算，「5 Broadgate」物業的租金回報率較中環中心高接近 1 倍。

　　大家覺得中環中心交易涉及的不同持份者，哪個較穩健？哪個較進取？又或是哪個最聰明？相信要等待時間給予答案。筆者最有興趣想知道的是，中環中心現正拆售，那些打算承接拆售樓層或單位的買家，看到上述新聞之後，又會如何評估相關的交易和有什麼的感覺？

　　筆者覺得，「超人」李嘉誠當初發展中環中心，持有近20年才轉售，屬於低買高賣的投資策略，現在將套現所得，轉而投資在價格低而租金回報高的海外物業，其實是高賣低買，將低買高賣策略運用得如此出神入化，除了李嘉誠也沒有幾人能做到。

領展賣港資產買大陸物業

　　說到低買高賣，近年領展房託（0823）似也在不斷操作且表現不俗。領展的做法主要是將香港的一些難以再明顯提升租金回報的物業，透過招標售出予其他投資者，新買家自行執靚物業繼續收租也好，又或是拆售短炒也好，已不再關領展的事，領展則將資金轉投內地售價較低而租金回報較高的商場，這種做法，可令領展保持較高的租金回報和盈利增長，亦有助領展的股價長升長有，以至領展的投資者，相對買樓收租得到的回報更佳。

巴菲特買房託1年升逾四成

　　上文說到李嘉誠的投資策略出神入化，另一名不得不提

的神級投資者便是股神巴菲特。大家可還記得大概 2 年前，
巴菲特趁低價買入美國的商場房託 Store Capital ？當時股神
的買入價大概是 19 美元，直至 2018 年，Store Capital 已升
至接近 27 美元，1 年間升幅逾四成，技術上更正在挑戰大型
頭肩底頸線（**圖 1**），如能突破股價隨時會再爆升，而且不要
忘記期間每季還可收取 0.31 美元的派息，以股神買入價計，
年息率高達 6 厘以上，李嘉誠和巴菲特的投資功力，怎不令
人折服？

（圖 1）

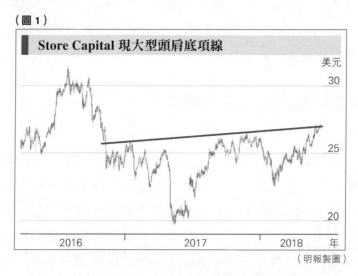

Store Capital 現大型頭肩底頸線

（明報製圖）

其實，上述 2 名高手亦可教曉大家，就算是看好樓市，
也不一定只有香港的磚頭值得買入，只要放寬眼界，長線投
資也好，短線投機也好，選擇多的是，如李嘉誠便買入倫敦
商廈，股神買入美國商場房託。2018 年特金會代表朝鮮的政
治局勢好轉，原來也令到中國臨近鴨綠江的丹東市房價急漲
（**圖 2**），吸引一些地產投資者的注意。

（圖2）

丹東新盤樓價近期飆升

按月變幅（%）

同級城市平均樓價

丹東新盤樓價

資料來源：國家統計局、易居房產研究院　　　　　　（明報製圖）

空置稅應否擴至二手樓？

說回香港樓市，去年中最熱門的話題是特首林鄭月娥說空置稅的研究已近尾聲，並會在短期內公布結果。地產建設商會指如空置稅只針對一手盤並不公平，如實施的話，便應包括二手樓。

早前中文大學經濟教授也指若要空置稅有效，便應如加拿大般連二手樓也徵空置稅，因為這會促使更多空置單位推出應市，加大壓抑樓價作用。

朋友蔡志忠就空置稅撰文，說空置稅和現在辣招稅有相違背之處，因為空置稅目的是要增加供應，但辣招卻令業主不想賣樓，以致盤源萎縮令樓價飆升，他反建議不如取消辣招稅可能有更佳效果。蔡老闆的說法有其道理，但如又推新盤以至二手樓空置稅，同時又撤去辣招，會否有協同效應，更能壓抑樓價？

不論如何，2018 年大家見到政府說新盤空置稅快推，之前發展商半年只推出 4,000 多個單位，但消息傳出後卻已賣樓達千多伙，似乎空置稅快推的消息，已促使發展商真的加快賣樓。

美聯大圓底　小注擲倉底

當然，其實要空置稅真的發揮效用，最重是政府能持之以恆提供足夠的土地建屋，否則如供應根本不足，什麼稅也沒有用。

說到空置稅，大家可能會覺得不利發展商，但若空置稅真得能迫使發展商加快買樓，那代理便會有更多新盤生意因而受惠，如此，大家其實可留意技術形成大圓底的美聯（1200）**（圖 3）**，下注買些少隨時會有驚喜。

（圖 3）

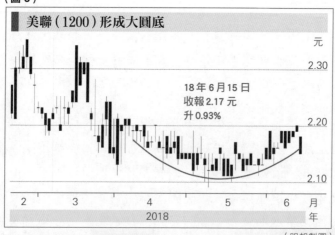

美聯（1200）形成大圓底

```
                                            元
                                         2.30

                          18 年 6 月 15 日
                          收報 2.17 元
                          升 0.93%
                                         2.20

                                         2.10

   2      3      4      5      6   月
            2018                      年
```

（明報製圖）

買收租股儲首期
■ 2018 年 6 月 23 日

　　2018 年世界盃打了一周，大家在電視上自然常常見到如 C 朗和美斯等球星，不過對香港的電視觀眾來說，當時曝光率最高的公眾人物可能是港鐵（0066）主席馬時亨，因為他要不斷出來為沙中線工程問題解畫。這不期然讓人想起 2002 年他出任財經事務及庫務局長不久便爆出的「仙股事件」，當時他給人的感覺就是「論論盡盡」。不過，港鐵本身是一隻好股票，近期股價由高位下跌了不少，可以留意是否有趁低吸納的機會。

　　說實在的，沙中線事件最終如何解決，應不會對港鐵的業績有太大影響，港鐵這隻股票很特別，業務自然以經營運輸為主，所以有人會將之歸類為公用股。但其實不少收入卻來自上蓋物業賣樓的分紅，機制是港鐵會將物業發展權批予私人發展商，自己不用冒風險。近年樓價不斷飆升，有關收入隨之水漲船高，所以也可視為地產發展股。筆者便有朋友除持有住宅物業收租外，也會買入港鐵股份，作為未儲夠第 2 層樓首期前的代替投資工具。

　　另外，港鐵也保留不少鐵路沿線商場物業收租，所以也是零售物業大地主。港鐵的運輸經營屬壟斷，所以持有這隻

股票，收入和派息穩定，又可享受樓市大升的好處。

港鐵收入穩　受惠零售復蘇

當然，買港鐵也不是說可以盲目高追，最好是出現明顯調整時才買。2018 年中港鐵股價隨大市回落，如掌握到一些技術分析方法，比如當其 9 天 RSI 跌至 30，又或在保歷加通道底部才入市，除非出現大熊市，否則持有 1 年以上，每每成績都不錯（**圖 1**）。

剛才提及港鐵也有不少商場收租物業，所以當香港零售

（圖 1）

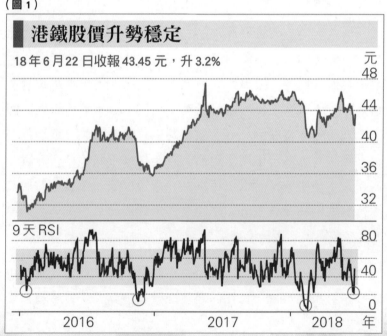

業復蘇，商場和商舖租金回升，也有利它的股價。事實上，羅兵咸永道 2018 年發表《中國零售業新顛覆：供應鏈全面數字化》的報告，其消費市場行業亞太區及香港/中國主管合伙人鄭煥然便表示：「香港零售市場 2018 年進一步延續 2017 年的反彈趨勢，預期零售銷售 2018 年將增長 8%（**圖 2**），即約 4,840 億元。此外，1 至 4 月內地訪客人數創新高（3 月與 4 月亦分別創歷史新高，**圖 3**），之前股市向好樓市向好營造的財富效應，帶動整體消費氣氛改善，加上多項大型基建項目等，種種因素都支持本地零售業維持正面的前景。」

（圖 2）

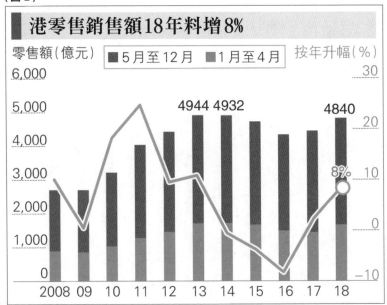

資料來源：羅兵咸永道

九倉置業股價遠勝恒指

對於一般投資者而言，想受惠零售業復蘇，自行買入商舖並不容易，因為涉及資金往往非常巨大，除了可買入港鐵股份，2018 年以來一些注專高檔商場的收租股如九龍倉置業（1997），其股價表現便遠勝恒指（**圖 4**）。買入這些股份收息和等升值，更不用如買樓般要先儲大筆首期，以及要付大額辣招稅。

早前筆者趁假期跟母校中大的地理系教授和校友們到台灣進行地質考察旅遊，長了不少知識。原來 1 億多年前台灣島根本不存在，之後歐亞大陸板塊和菲律賓板塊撞擊出現

（圖 **3**）

資料來源：香港旅遊發展局

了造山運動，台灣島便由太平洋冒出，在冰河時期的亞洲大陸和台灣島曾一度連在一起，大陸的動物遷移至島上，豐富了當地的物種，而由於台灣島尤其東端部分位於兩大板塊之間，經常會出現地震。

（圖 4）

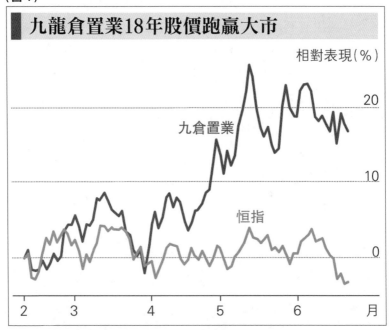

台諷刺節目：樓價急升 家庭更和諧

筆者每次到訪台灣都喜歡看當地電視節目，每每可以看到一些既搞笑又有意思的節目。其中一天便看到有演員扮演大陸政府官員（其實是在諷刺台灣本地官員）發表演說，說每天都是盡心盡力的施政，才有一系列的政績，比如說電費

漲了，便可鼓勵大家節能；油價漲了，便做到大家少用油，減少污染；至於醫療通脹，則可鼓勵大家注意健康和多做運動，便可少看醫生；而房價租金急漲，更可促成年輕人繼續和父母一起居住，便可令到親情更緊密，家庭更團結⋯⋯

或許，如香港樓價和租金繼續飆升，香港的官員也可以出來居功說有利家庭和諧，鼓勵大家三代、甚是四代同堂。不過，其實將來香港的年輕人想要和上一代家庭居住在一起也不容易，因香港樓價愈來愈貴，香港人能買得起的單位也愈來愈細，2018 年北角一個非豪宅地段的新盤頂層 1 房連天台特色戶，便以高達 1,240 萬元招標售出，實呎高達 5 萬元，除了創項目呎價新高外，亦創港島東區最高呎價的 1 房單位，甚至貴過區內新地（0016）海璇部分海景 4 房的大單位呎價水平。

超高價成交撻訂　樓指無相應調整

有網友在 facebook 評論有關新聞，指每逢有新樓盤開售，總會有個別單位以超高價成交，部分更可以在多年後仍未完成交易，更會有個案最終以撻訂收場，但有關交易曝光時，卻起到托市作用，令同一樓盤或同區的其他新盤單位售價相比之下頓變得好像很相宜和抵買。

當然，有關現象可能只是巧合，不過另一「副作用」是一些超高價樓宇的交易出現時，可以推高樓價指數，但當有關交易取消時，樓價指數卻不會作出相應調整。

內房新規　北水掃港樓料降溫

■ 2018 年 6 月 30 日

　　差餉物業估價署數據顯示，2018 年 5 月份私人住宅售價指數報 382.6 點，按月再升 1.7%，按年升 14.7%，而相關指數已連升 26 個月，再創紀錄新高，期內累積升幅達 40.9%。為了遏抑樓價，政府也終於向一手樓開徵空置稅，同時將居屋售價和市價脫鈎，以及將多幅原私人住宅用地改作興建資助房屋，不過隨即有評論指有關政策對遏抑樓價沒有用，反可能對私樓樓價升勢火上加油。

　　認為政府新措施不會冷卻樓市反而幫倒忙的分析，主要立論之一是住宅空置率不高，發展商更可將稅項轉嫁買家，而政府將更多土地撥作資助房屋發展，反令私人住宅供應減少，推升樓價。

空置稅成效　看每年私樓落成量

　　筆者就認為，政府的新政策能否遏抑樓價，或反會推升樓價，關鍵在於真正的供應是否足夠。如未來私人住宅可維持每年 2 萬多個甚至更多的落成量，徵收空置稅便有一定殺傷力；至於私人住宅用地改建資助房屋的影響，同樣視乎撥

作資助房屋發展後，私人住宅能否維持每年 2 萬伙或更多的落成量。

　　另外，新開徵空置稅將會是現時的差餉估值約 2 倍，大概等於每年約 5% 的樓價，即是説，若不將單位出租可收約 2.5 厘的租金回報，反而付 5% 的空置稅，疊加的差距（或經濟學上的機會成本）便大概等同樓價的 7.5%。其實，如果空置稅是累進式計算，即第一年稅率為 5%，然後每半年再加 5%，其殺傷力肯定更大。

累進式計算稅率　殺傷力更大

　　香港樓價長升長有，原因不外乎求過於供，尤其是豪宅每年新供應極少，但香港富豪多的是，以致呎價 10 萬、甚至 20 萬元的紀錄不斷被打破。一間名為 Boston Consulting Group 的機構便指出，根據其統計，原來外地富豪 2017 年在香港的「藏富」金額高達 1.1 萬億美元，僅次瑞士的 2.3 萬億美元，在全球排名第 2（**圖 1**），按年增幅更達 11%（瑞士按年增幅僅 3%）。

　　上述在香港「藏富」人士，有多少來自中國內地？根據另一份名為《New World Wealth 2017》的研究報告，2017 年有多達約 1 萬名富豪離開中國內地（以淨流出計算），排名第 1（**圖 2**），第 2 和第 3 位則是印度（7,000 名）和土耳

（圖1）

2017年外地富豪藏於香港資金規模比較

	金額（萬億美元）	增幅*
瑞士	2.3	3%
香港	1.1	**11%**
新加坡	0.9	10%
美國	0.7	5%
海峽群島/曼島	0.5	2%
阿聯酋	0.5	4%
盧森堡	0.3	2%
英國	0.3	2%
摩納哥	0.2	1%
巴林	0.2	5%

*2012至2017年統計

資料來源：Boston Consulting Group

（圖2）

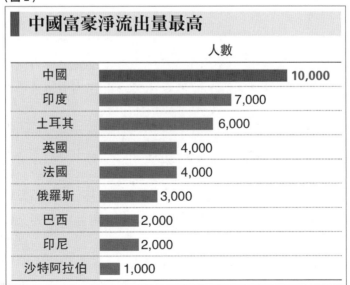

中國富豪淨流出量最高

	人數
中國	**10,000**
印度	7,000
土耳其	6,000
英國	4,000
法國	4,000
俄羅斯	3,000
巴西	2,000
印尼	2,000
沙特阿拉伯	1,000

資料來源：New World Wealth 2017

其（6,000 名）。那麼富豪淨流入量最多的又是哪些地方？第 1 是澳洲（1 萬名），第 2 和第 3 位依次是美國（9,000 名）和加拿大（5,000 名）（**圖 3**），相信大家近年都經常聽見澳洲、美國和加拿大不少城市的豪宅都被中國人買起吧。

　　內地富豪流走兼藏富於外，往往涉及走資，近期人民幣匯價急跌，或多或少反映資金流走，而走資方法形形色色，一些會透過公司在境外發美元債然後收購海外資產，也是一種變相的走資方法。發改委及財政部 2018 年年中發布通知，指企業須防範外債風險和地方債務風險。其後又補充，指須規範企業舉債有關資質要求和資金投向，加強外債風險預警；盡快制訂《企業發行外債登記管理辦法》；引導規範房地產企業境外發債資金投向，房地產企業境外發債主要用於償還到期債務，避免產生債務違約，限制房地產企業外債資金投資境內外房地產項目、補充運營資金等。另外，通知又要求企業依法合規開展市場化融資，禁止及拒絕地方政府為其融資行為提供擔保等，而最新發展是不許內房發外債的期限超過 1 年。

內房加快賣樓或陸續有來

　　上述新措施，就算不說是堵塞走資的措施，但將會減低內房藉海外發債來融資收購內地以至香港地皮和物業的能力。而日前傳出擬收回棚改貨幣化的措施，也不利內房企業高槓桿買地起樓，以至托高樓價的能力。

（圖3）

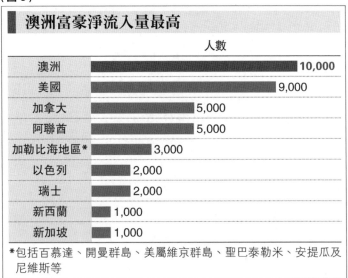

澳洲富豪淨流入量最高

	人數
澳洲	10,000
美國	9,000
加拿大	5,000
阿聯酋	5,000
加勒比海地區*	3,000
以色列	2,000
瑞士	2,000
新西蘭	1,000
新加坡	1,000

*包括百慕達、開曼群島、美屬維京群島、聖巴泰勒米、安提瓜及尼維斯等

資料來源：New World Wealth 2017

可以預見，未來中資企業的北水來港掃地搶樓的活動會進一步降溫。事實上，近期不少內房缺水，個別內房在境外發債的利率高達10厘或以上，如情況持續，有關內房勢必加快賣樓套現，否則單是支付利息的壓力已很沉重，如海航被迫變賣香港及海外的物業個案，也可能會增加。

房策組合拳　殺傷力不可小覷

■ 2018 年 7 月 7 日

　　特首林鄭月娥 2018 年中公布樓市 6 招，有沒有用呢？至少看到以往一些過往只以招標方式每次放賣 1 至 2 個單位的樓盤，改為一次過公布數十個單位的價單，其實若分開來看，6 招可能作用不大，但若是以「組合拳」角度進行分析，殺傷力不可小覷。

　　比方說，不少人說空置稅只是花招，因現時市場的新盤空置單位未必太多，但如政府能維持每年 2 萬個或以上的私人住宅落成量，發展商又繼續「捂盤」不賣，那手持的空置單位便愈來愈多，便要面對被徵空置稅的問題。

計機會成本　空置稅實為樓價7.5%

　　說到空置稅，大家可能只着眼發展商每年只多付 5% 的空置稅，而其實從經濟學的機會成本角度出發，如果發展商把單位出租，其實可收約 2.5 厘的租金回報，若空置，不單沒租收，更要多付 5% 的額外稅項，一來一回損失的機會成本每年其實等同樓價約 7.5%。

　　有說發展商可能減少投地，以至減少供應量，那政府已講明會增加資助房屋的比例，而居屋定價會和市場脫鈎，如

綠置居可以低至市價的 42 折，那發展商不投地，政府便更加多建平價的資助房屋和你搶客。好了，發展商不想被徵空置稅又要繼續投地，便要每次賣至少兩成單位，不可再「唧牙膏」，要賣得快便可能要減價！

至於有分析指多建資助房屋，等同減少了私人住宅的供應，會對上升的樓價火上加油，但同時原來部分買私樓的買家，轉去了買資助房屋，其實私宅的需求也會相應減少。另外，如新加坡包括組屋等公營及資助房屋，佔了房屋供應接近九成，只要供應充足，又不見當地樓價會升得高過香港？

倘發展商不投地　政府會搶客

大家還要留意一句，林鄭說要增加資助和公營房屋比例，以後政府開山填海，大家不要再說只用來建豪宅益有錢佬，那是用來建低價樓給一般市民買的物業，不要再「阻頭阻勢」，之後政府更表示不會等大辯論，會傾向大規模填海，規模比沙田還大，即是若能填海，將可新增數十萬個單位。筆者早前曾到毗鄰新加坡的馬來西亞新山考察由碧桂園（2007）發展、名為「森林城市」的項目，便是一個透過填海可興建數十萬個單位的項目，原來以現時的技術，由填海至可以起樓只需 9 個月時間，那將來香港再透過填海而新增數十萬個住宅單位，絕不是不可能的事情。

林鄭要推出樓市新招，原因自然是樓價不斷上升，而

內地人不斷來港高價買樓,更強化香港的樓市需求。除了香港,內地人又最喜歡到哪些地方置業?如了解這方面的資訊,對投資海外物業、如何選擇合適的置業地點甚有幫助。

資助房屋增　減少私樓需求

　　胡潤研究院與匯加移民 2018 年發布的《中國投資移民白皮書》,訪問 224 名平均擁有 2,900 萬元人民幣財富的已移民、正申請移民和考慮移民的中國富豪。其中,37% 受訪者表示正在考慮移民,比前一年減少 10 個百分點;另有 12% 已移民或正在申請。而這些打算或已移民的富豪,原來最重要的海外投資,選擇外匯存款的比例佔 43% 排名第 1,另 30% 為海外房地產排第 2(圖 1),而他們選擇投資海外房產的城市最高排名,依次為洛杉磯、紐約、波士頓、三藩市、西雅圖、倫敦、溫哥華、多倫多和墨爾本(圖 2)。

(圖 1)

中國富豪海外投資方式		
排名	投資種類	比例
1	外匯存款	43%
2	海外房產	30%
3	保險	16%
3	標準理財產品	16%
5	股票	15%
6	基金	10%
7	債券	9%
8	信託	8%
9	黃金	6%
9	藝術品投資	6%
11	期貨	4%
12	開設海外公司	3%
13	風投/股權投資	2%

資料來源:《2018 匯加移居·胡潤中國投資移居白皮書》

另外，調查顯示有關富豪的投資理念日趨保守，「安全風險控制方法」仍然是他們海外金融投資的最主要考慮因素，比例高達72%，2017年為35%；「實際收益」以48%的比例躍升至第2考慮因素，2017年以13%位列第4。

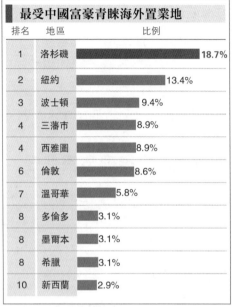

（圖2）

最受中國富豪青睞海外置業地

排名	地區	比例
1	洛杉磯	18.7%
2	紐約	13.4%
3	波士頓	9.4%
4	三藩市	8.9%
4	西雅圖	8.9%
6	倫敦	8.6%
7	溫哥華	5.8%
8	多倫多	3.1%
8	墨爾本	3.1%
8	希臘	3.1%
10	新西蘭	2.9%

資料來源：《2018匯加移居·胡潤中國投資移居白皮書》

值得注意的是，「養老」（43%）、「財產保值增值」（21%）是他們認為家庭未來最重要的保障。受訪者表示他們海外投資的主要原因是「分散風險」（42%）、「子女教育」（30%）和「移民」（14%）。海外投資中，「穩健的收益」（71%）對他們是最重要的。他們碰到的最大問題是「缺乏知識」（49%）、「資金轉移困難」（18%）和「投資無渠道」（14%）。

另外，受訪的中國富豪，其海外資產平均佔總資產的11%，其中房地產比例最高，未來他們希望這比例提升到

25%。而他們海外置業的目的主要體現在 3 方面:「自住型置業」、「投資性置業」和「度假型置業」,分別佔 49%、46% 和 5%。置業用途具體有:「自住（包含生活和工作需求）」,佔 51%;「資產配置需求」（20%）、「子女教育居住」（16%）、「樂退養老」（4%）、「海外身分規劃」（4%）、「休閒度假居住」（4%）和「健康醫療」（1%）。

中國富豪投資理念趨保守

另外,「性價比」（63%）、「投資價值」（46%）、「永久產權」（37%）和「地段」（31%）是他們海外置業優先考慮的因素（**圖 3**）。受訪的中國高淨值人士平均願意投入 520 萬元人民幣在海外置業上;超過一半的高淨值人士願意投入 300 萬至 600 萬元人民幣在海外置業上,有 16% 甚至願意投入 600 萬至 1,200 萬元人民幣。

（圖 3）

中國富豪海外置業考慮因素		
排名	地區	比例
1	性價比	63%
2	投資價值	46%
3	永久產權	37%
4	地段	31%
5	移民身分獲取	26%
5	自然生態環境	26%
7	城市人文環境	25%
8	交通便捷	20%
9	維護成本	18%
10	有專業人士打理	13%
11	華裔華僑聚集地	12%
12	經濟發達	11%

資料來源:《2018 匯加移居·胡潤中國投資移居白皮書》

樓價高企　共享工作間應運而起

■ 2018 年 7 月 14 日

　　特首林鄭月娥繼推出「娥六招」後，又在 2018 立法年度最後一次特首答問大會上表示，長遠來說在維港以外填海以增加土地供應是無可避免的，更指會檢視非港人買私人樓房政策。事實上，香港樓價之高，若再沒有合適對策，社會怨氣只會愈來愈大。一項有關香港置業的統計顯示，樓價 500 萬或以下的私樓成交比例已跌至不足 3 分之 1。其實對一般的年輕人而言，500 萬元物業的首期已要 100 多、200 萬元，若沒有父幹，儲 10 年錢也未必可以儲到首期。

　　說到香港樓價高企，最近和傳奇人物、老朋友李兆峰飯敍，李氏除了是知名的陶瓷大王，家族也有龐大的製藥業務，近年舉家移民到美國的休斯頓（Houston），並展開了地產發展生意，因為能在當地提供就業機會，所以可取得大量的投資移民名額，最近回港做簡介會。有興趣投資移民美國的人，可以 50 萬美元投資相關項目，有關資金鎖定 5 年獲得永久綠卡後，便可全數奉還，並可提供每年 1 厘的回報。李氏則在 5 年中賺取那筆資金的息差，並藉此和一批有資格移居美國的中港人士打好關係，再尋求合作發展的機會。

休斯頓豪宅回報 7 至 8 厘

　　和李兆峰談起休斯頓的樓市，他說當地地價和樓價相宜，在市中心的高級地段，每呎地價只約 200 美元左右，且當地發展樓盤沒有地積比和高度限制，只要建築成本許可，起 100 層樓也可以，落成後每呎售價只約 500 至 600 美元。在香港，1,000 餘萬元隨時只可買到 300 至 400 平方呎的單位，在休斯頓已夠買幾千呎的豪宅。從發展商角度，獲利水位遠較香港高，如作收租，隨時有 7 厘至 8 厘回報，也遠勝香港豪宅的只有 1 厘的租金回報！

　　李又說，休斯頓過去 10 多年的經濟和人口增長都是位處全美前列，人口年齡更只是 33.4 歲，遠低於香港約 43 歲，活力十足，經濟和人口增長乃樓市長期利好的必要因素。

中區甲廈租金為倫敦西區 1.5 倍

　　香港除了住宅價格和租金遠超其他城市，商廈租金也極其嚇人。戴德梁行 2018 年中發表研究報告表示，2018 年第 2 季全港甲級寫字樓淨吸納量近 52.16 萬平方呎，是連續 3 個季度吸納量突破 50 萬平方呎的水平，反映寫字樓租務活躍，刺激各區租金上漲。中區每月平均呎租升至 17.8 美元的全球新高，約為第 2 位倫敦西區租金的 1.5 倍（**圖 1**）。

　　同一時間，尖沙嘴的甲級商廈租金也按季升 3.2%，幅

（圖 1）

港甲廈租金為倫敦西區1.5倍

美元/每呎

香港中區 17.8

倫敦西區 1.5倍

東京丸之內 12.1 12.0 4.5倍

新加坡　北京金融街 7.3

曼克頓 6.4 4.9

上海陸家嘴 4.0

2014　2015　2016　2017　2018　年

資料來源：戴德梁行　　　　　　　　　　（明報製圖）

（圖 2）

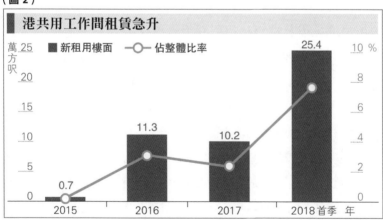

港共用工作間租賃急升

萬方呎　■ 新租用樓面　─○─ 佔整體比率　10 %

25.4

11.3　10.2

0.7

2015　2016　2017　2018首季　年

資料來源：戴德梁行　　　　　　　　　　（明報製圖）

度為各區中最高，主要由於 K11 Atelier 及港威大廈出租率超逾九成所致，並帶動整區租金上漲。雖然九龍東仍錄得本季最高待租率（14.1%），但同時也錄得本季最高吸納量（近53.29 萬平方呎），區內新落成商廈深受跨國企業歡迎，例如星展銀行租下 Two Harbour Square 13.4 萬平方呎，以及美資成衣及採購企業 VF 承租豐樹中心 6.94 萬平方呎，以整合業務及減省租金開支。

內地共享工作間營運商進駐本港

商廈租金高企，造就了共享工作間（co-working space）行業對甲廈的租賃需求強勁（**圖 2**），第 2 季便有內地的共享工作營運商氪空間租下灣仔新商廈 One Hennessy 共 7.25 萬平方呎樓面，以及裸心社租用觀塘海濱匯 7.54 萬平方呎空間。戴德梁行執行董事、香港寫字樓部主管韓其峰表示：「內地共享工作空間營運商進駐本港持續，2018 上半年共享工作行業在全港甲級寫字樓的新租賃達到 25.4 萬平方呎，其中 87%的面積是由內地的營運商租下的，令市場競爭更趨激烈。部分較具規模的營運商現除了爭取初創公司入駐外，亦積極向大型企業招手，以提升租金收入和取得更穩定的客源。因此，我們預期未來數月將有更多共享工作空間營運商租用核心區甲級寫字樓樓面，以設立更多共享工作室。」

港時裝零售商股價遠勝恒指

其實，除了商廈出現共享工作空間，也有拆售工廈引入相關概念，而且反應熱烈。資深投資者羅珠雄持有的長沙灣青山道 688 號一號全層，2018 年命名「OK688」後，拆售116 個工作間及 1 個士多房，便在樓面提供 3 個共享空間，範圍內有免費 Wi-Fi 及插頭，方便工作間的業主或租戶見客，由於銀碼細，拆售市場反應頗佳，數日便套現逾 6,000萬元，個別單位呎價高逾 1.5 萬元。

項目標榜「東大門式時裝總匯」，事關長沙灣及荔枝角為本港時裝批發區，項目對面的香港工業中心為著名時裝批發地。而其實近年香港一些時裝零售商的生意不俗，上市公司如 I.T（0999）和佐丹奴（0709）的股價，2018 年遠遠跑贏恒指（**圖 3**）。

（圖 3）

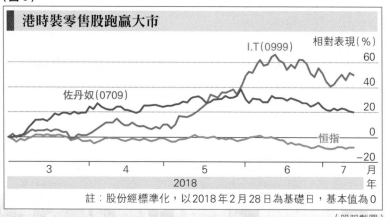

註：股份經標準化，以 2018 年 2 月 28 日為基礎日，基本值為 0

（明報製圖）

買不起樓　寧願出走

■ 2018 年 7 月 21 日

　　「娥六招」出台後，中原城市領先指數 CCL 繼續上升，數周後才稍為回軟 0.21%，當然未能就此確定樓價已展開跌勢，特首林鄭月娥再吹風指不排除推出限購令。其實，今時今日不單止是樓價高企令市民難上車，租金升幅長期拋離收入增長，更值得關注。

　　香港中文大學生活質素研究中心公布的 2017 年「中大香港生活質素指數」顯示，2017 年香港整體生活質素指數為 105.09，較 2016 年的 105.30 下降 0.21 點，反映香港整體生活質素比前一年輕微下降，其中經濟分類指數下跌至有紀錄以來第 2 低水平。

　　筆者細看中大的報告，有關指數由 23 個指標組成，2017 年有 8 個指標比去年差，當中變化較顯著是醫療公共開支佔本地生產總值的百分比、文化節目觀眾指數、置業負擔指標及實質租金負擔指標，較 2016 年分別下降 12%、12.56%、30.27% 及 21.43%。我的讀者自然最關心置業負擔比率及實質租金變化，前者的數值原來乃是有紀錄以來最高（圖 1）。中大經濟學系副教授莊太量稱，數據反映一個 1 年收入 30 萬元的家庭，若要購買市區 300 平方呎的單位，需不吃不喝 16 年，較 2016 年的 14.56 年增加約 1 年半，顯示

樓價已脫離中等收入家庭負擔水平。

工資追不上租金 生活質素勢降

至於實質租金指數，2002 年時僅為 108.29，到 2017 年時卻已升至 174.72，升幅達 61.3%，同期實質工資指數卻只由 117.53 升至 122.78，升幅僅 4.5%（**圖 2**），遠遠落後實質租金升幅，即是對一般市民來說，若沒有樓而要租樓住，負擔會愈來愈吃力，生活質素也必然下降。

中大調查又指出，港人 2018 年海外出遊指數創新高，年內平均去 1.64 次旅行（**圖 3**）。這讓筆者想起在書展看到一個專賣旅遊書的攤位，宣傳標語是：「冇車冇樓，勝在有假去旅遊」。事實上，現在不少年輕人認為除非有父幹，儲錢買樓

（圖 1）

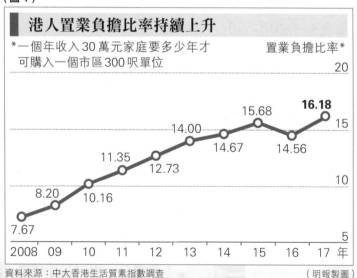

港人置業負擔比率持續上升

*一個年收入 30 萬元家庭要多少年才可購入一個市區 300 呎單位

置業負擔比率*

資料來源：中大香港生活質素指數調查　　　　　　　（明報製圖）

已是不可能的幻想,不如將錢月月花光,又或一有假期便去旅遊,如此便造成惡性循環,更難儲首期置業。然而,若他朝樓價真的大幅調整,到時他們可能發覺,為何樓價跌了,依然沒錢買樓?

其實不論是「娥六招」,抑或再推出限購令變成的「娥七招」,最重要保證樓市供應足夠,那就算一時資金推動令樓價短期急升,樓市長期也會回歸理性,問題是政府如何提供充足的土地起樓,林鄭便指填海是必要和不可避免的選項,但又即時被批評會破壞環境和遠水難救近火。

為反對而反對　市建局左右為難

筆者認為,填海對海洋環境固然造成影響,但只要選址

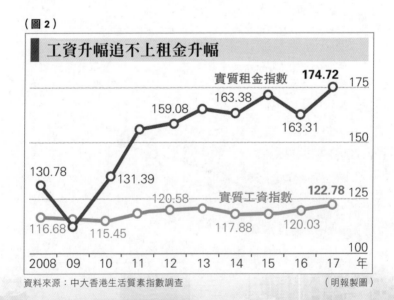

（圖 2）

工資升幅追不上租金升幅

實質租金指數　**174.72**

163.38

159.08　　　　　　　　　　163.31

130.78　　131.39

116.68　　115.45　　120.58　實質工資指數　**122.78**

117.88　　120.03

2008　09　10　11　12　13　14　15　16　17　年

資料來源：中大香港生活質素指數調查　　　　　　（明報製圖）

恰當，影響未必大到不可接受。至於有一些言論說填海到土地可以起樓甚至住人，可能要 10 多、20 年時間，所以其實是拖延政策。對此，筆者認為只是一些過時的觀點，科技不斷進步，填海造地也一樣。前文多次提及大馬新山一個大型填海起樓項目，在 2013 年開始填海，9 個月後已可起樓，2018 年已有以萬計的單位可以交樓，何需 10 年時間？

其實除了填海造地，也應加快市區重建，一來可增市區用地，二來不少市區舊樓樓齡愈來愈高，重建可減少危樓和改善社區環境。不過，香港不少人一方面抱怨土地房屋供應不足而令樓價和租金高企，卻又同時對任何發展都提出反對意見，比方說市建局收購舊樓重建，出價低會被指欺壓原來業主和住客，出價高又被說間接推高樓價，如市建局放棄或放慢重建，又會說不理破舊市區人民生活水深火熱，總之做又錯不做又錯。

不少人說新加坡安居而香港蝸居，卻又不明白人家新加坡是如何大規模填海造地，而該國的市區重建機構是如何「強勢」運作。

2018 年世界盃終由法國奪冠，法國上次捧盃已是 1998 年，當時法國足球如日中天，但之後 1 屆（即 2002 年）首 3 場卻是 0 勝 2 負 1 和，16 強也進不了。正如過去 2 屆一早便預測德國和法國獲勝的湯文亮所言，世界盃的隊伍總是這屆好、下一屆差，又或這一屆差、下一屆好，原因往往是大勝後便輕敵，大敗後多會汲取教訓。

抱只升不跌心態　輕視樓市潛在危險

回看 1998 年的樓市，在 1997 年上半年香港樓市熱火高漲，人人都說香港回歸中國後，北水一定會源源不絕湧港，所以香港樓價只會升不會跌，但一個亞洲金融風暴加上董建華的「八萬五」房屋政策，樓市在下半年急轉直下，1998 年已是跌得慘不忍睹，但原來跌市之後還延續至 2003 年，是否應了大好之後往往會大跌的規律？

21 年過去了，現在雖沒有亞洲金融風暴，香港樓市也似對任何利淡因素沒反應，但中美貿易戰會否蔓延，以至打擊中港經濟，在樓市火熱的今天，回顧一下歷史也有好處。

（圖 3）

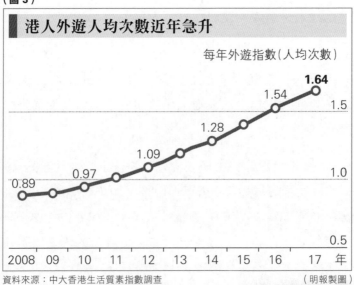

港人外遊人均次數近年急升

每年外遊指數（人均次數）

資料來源：中大香港生活質素指數調查　　　　　　（明報製圖）

樓價高企 拉長養兒期

■ 2018 年 7 月 28 日

　　香港私人住宅樓價高不可攀已是眾所周知的事情，2018 年 7 月的 2 宗二手居屋和公屋成交卻告訴大家，就連這些當初只為較低收入人士或家庭興建的住宅，其二手價也已升至嚇人。其中旺角富榮花園 1 個中層單位以 1,065 萬元轉手，成為全港首個千萬元「居屋王」；沙田公屋顯徑邨 1 個高層單位亦以高達 665 萬元售出，榮登全港最貴「公屋王」，呎價高達 1.1 萬元多！

　　香港永明金融 2018 年 4 月 12 日至 5 月 6 日期間在香港進行「子女所想，父母必應？」養兒理財研究，透過網上問卷及面談成功訪問了 690 名父母及 141 名學生，調查父母及子女對養兒育女相關的理財項目期望及看法。其中有 59% 受訪子女表示，未來 10 年最希望實現的目標表示為置業（圖1）。雖說上述旺角富榮花園破千萬元的二手成交暫仍是居屋的個別例子，不過根據香港置業統計，現在二手居屋的平均成交價也已接近 528 萬元（圖2），亦非一般年輕年可以輕易負擔。有關調查也顯示，只有 25% 的年輕人有信心自己能獨力達成「上車」目標，同時高達 49% 希望父母從財政上協助（即所謂「靠父幹」）。

僅 25% 年輕人有信心獨力「上車」

中國人常說「養兒一百歲,長憂九十九」,上述調查中的父母,不單認為養兒育女需供書教學,原來有高達 29% 的父母認為,即使子女有首份全職工作,仍要繼續在財政上定期支持子女,更有 7% 的父母即使子女成功置業,仍要繼續金錢上的幫忙(**圖 3**),如子女仍未買樓呢?原來多達 41% 的受訪父母正在計劃、甚至已開始為自己的子女置業作儲備。

子女就業 父母仍需操心置業

說回年輕人未來 10 年的目標,買樓置業是首位,進修只排第 2,結婚則只排第 4(原來買樓重要過結婚,又或買樓未必是為了結婚),創業更只排第 5!或許,在香港就算創業成功,也不一定可以買樓?

其實,現在不單是一般年輕人創業難或不想創業,就算是富二代,雖然有父母資金支持,也未必有興趣做生意。筆者最近和朋友 brainstorm,朋友說他認識不少富二代,對做生意都不感興趣,反而最喜歡將手頭資金放貸收息,因為可以收到息率高到一般人難以想像,個別例子是以 3 個季度收息,每個季度收 10 厘,即 3 季合共收 30 厘,並再加 3 厘作「埋單」,以年度計化年回報接近五成!

那不怕有風險嗎?朋友說富二代會這樣計數,如同時借出 5 宗貸款,就算有 1 宗收不回,整體計算仍可圍到數,所

（圖1）

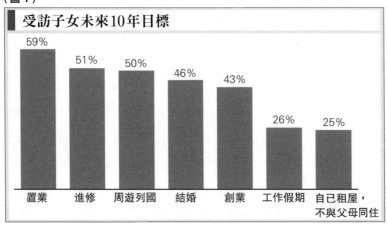

受訪子女未來10年目標

- 置業 59%
- 進修 51%
- 周遊列國 50%
- 結婚 46%
- 創業 43%
- 工作假期 26%
- 自已租屋，不與父母同住 25%

資料來源：香港永明金融〈養身理財研究〉　　　　（明報製圖）

（圖2）

二手居屋*平均每宗註冊金額

5年來香港二手居屋平均成交價升約七成，現在已接近528萬元

527.7
504.9
456.8

*包括已補地價及未補地價居屋

萬元
550
500
450
400
350
300
250
200

2014　15　16　17　18　年

資料來源：香港置業　　　　（明報製圖）

以那些富二代不怕做放數云云。筆者聽到後心想,能1年付接近五成息率支出,除了是作江湖救急之外,還有什麼生意可承受如此高息率?聽說有可能借上借,是大耳窿借錢後以更高息放貸,又或是做其他的不道德生意?

其實,上述以為只要做得多便可將風險打散的想法,也令人聯想起10多年的美國次按風暴,當年一些ibanker想出將資產打包以債券方式發售,以為如此可以分散風險,最終還不是出了事?其實,上世紀70、80年代也曾盛行將垃圾債券打包,最後又是一場金融風暴避不了,最近內房發債也相繼開始出現違約,亦很令人擔心。

「呼吸 plan」催谷銷情　埋下炸彈

其實,香港不少新盤也是透過提供超高借貸,代理更美其名為「呼吸 plan」才有好銷情,始終有一天,出得來行,遲早要還!

(圖3)

父母認為對子女財政支持應至哪個階段

中學畢業	大專/大學畢業	第1份全職工作開始
7%	38%	29%

資料來源:香港永明金融〈養身理財研究〉

最近有議員提議調高專業投資者定義門檻，指自 2003 年、即個人專業投資者要擁有 800 萬元的投資組合這個定義，15 年來未隨物價上升而改變，有傳證監會在 2019 年檢討門檻，認為要提高門檻才可保障投資者。

如不是所謂專業投資者，便不能涉足不少基金和被視為較高風險的投資工具，不過，是否愈多錢便代表投資者愈成熟？比方說，近年鬧得沸沸揚揚的「美女」倫敦金騙案，被騙者是否沒有錢？以往不少大投資者也中招的 Accumulator，也是專業投資者才有資格玩，還不是一樣出事？

首期門檻高　小市民失入市機會

反而，有關限制令到一些有知識的成熟投資者，可能只因資金不足而不能參與，情形就如政府限制物業按揭成數後，富人仍可輕易買入心儀物業投資，沒錢的一般小市民，卻被逼要以更高呎價去買銀碼更細的劏房，甚至沒有入市機會，如樓市愈升，便變成富者愈富，貧者愈貧，這樣公平嗎？

事實上，早年可以九成按揭買樓時，市民只要有能力供樓，便可買樓不用捱租，但今時今日，不說單單樓價高造成買樓難，人們儲首期也愈來愈不容易。

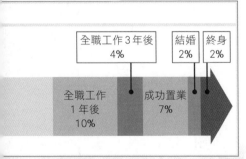

（明報製圖）

剃政府眼眉　或逼推限購

■ 2018 年 8 月 4 日

　　2018 年 8 月，中原樓價指數報 188.61，按周升 0.45% 再創新高，代理自然繼續大聲疾呼說，雖然貿易戰加劇和美國再加息，但都不會對樓市造成壓力。不過，陸續有投資大戶大手放售物業，繼「舖王」鄧成波和大鴻輝放售價值逾 120 億元的物業，人稱「玩具鄭」的鄭躬洪也一口氣悉數放售所有豪宅連同其他物業，實在耐人尋味。

　　除了貿易戰加劇和加息外，大家都關心之前的「娥六招」是否全沒效用，以致樓價續創新高。不過，其實近年樓市除了有大戶大手走貨，同時亦有一些奇怪現象值得留意，首先，原來以招標「唧牙膏」方式賣樓的大型樓盤，雖然開始正式按新規定，每次賣樓必推樓盤至少 20% 的單位，但也隨即說要將其中 1 幢保留作服務式住宅放租，被市場解讀為有避空置稅之嫌。

大戶頻大手放售物業

　　同一時間，又有私人發展商的深水灣豪宅盤，部分單位由發展商的家族成員承租，同樣有避空置稅之嫌。

還有，元朗有新盤開售價竟罕有比同區二手樓價低，加價也只原價加推。另又有屯門一手盤，調整價單後比舊價低約兩成，計及削減優惠，實際減價約一成，雖説是因應銷情一直冷淡而調整策略，相信也有顧慮空置税，發展商不敢繼續大手囤積有關。

説回上述的深水灣豪宅盤，雖然法理上家族成員可以租回部分單位，但「左手交右手」的味道甚濃，有地產界朋友説做法似明剃政府眼眉，擔心會刺激政府推出限購（曾經吹風），甚至是租管最終也會落實！

説到限購，內地似又先行一步。《新華社》在 2018 年中連續 4 日發表有關內地房地產市場的文章，重申「房住不炒」的宗旨不變，顯示中央對嚴控樓市風險的決心。當時舉行的中共中央政治局會議，就 2018 下半年經濟工作提出 6 大任務，其中一大任務就是決心解決房地產市場問題，堅持「因城施策」，促進供求平衡，整治市場秩序，堅決遏制樓價上漲，並加快建立促進房地產市場平穩健康發展長效機制。深圳市政府隨即公布進一步加強樓市調控的通知，調控力度大幅收緊，包括即日起暫停以企業或社會組織的名義買樓；新供應用地建設的商務公寓一律只租不售；原有可出售的商務公寓，買家自取得房產證起 5 年內禁止轉讓。

此外，即日起居民家庭新買住宅，自取得房產證起 3 年內禁止轉讓，為深圳首次推出的禁售令；同時針對以假離婚

規避房貸的社會現象，通知亦列明，離婚 2 年內申請住房貸款，原本夫妻 2 人尚有未還清的按揭，按第 2 套房的首付比例不低於 70% 執行；無房貸紀錄及離婚前無物業的，按首付比例不低於 30% 執行；離婚前僅有 1 套單位的，則按首付比例不低於 50% 執行。

港府未限購　內地已出重招

跟政府高層相熟的朋友說，其實政府真箇在積極考慮會否進一步推出非港人不可以買港樓的限購措施，似乎在「娥六招」實行後，暫未見樓價明顯受控，卻有市場參與者疑似「左手交右手」剃政府眼眉，實有催逼政府最終真的推出限購政策的可能，如再沒有用，甚至會直接推出租管也說不定！

文首說有香港物業投資大戶開始大手放售物業，戴德梁行發布的 2018 年第 2 季度《中國境外地產投資報告》，內地資金到境外投資物業的金額也開始大跌（**圖 1**），第 2 季度內地地產投資者境外地產投資總額進一步下降至 43 億美元。

內地收緊融資　波及本港地產

該行表示，有關投資金額的下降並不是因為 2018 年 3 月 1 日起中國實行的對外投資新政，持續收緊的融資環境也對地產投資造成不少的障礙。該行又表示，此次內地信貸趨緊的狀況不僅對國內地產收購產生影響，同時境外地產收購，以及海外項目再融資等均受到不同程度的波及。

（圖1）

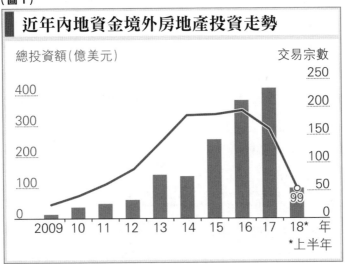

（圖2）

資料來源：戴德梁行

要留意的是，香港乃內地資金投資境外物業的最重要地區之一（**圖 2**），近年內地資金投資在香港物業市場的金額和宗數大跌（**圖 3**），當中他們一直以商廈或寫字樓為最重要的投資項目（**圖 4**）。如大家不善忘，當初是由內地財團牽頭以 402 億元向李嘉誠購入中環中心 75% 業權，但其後有關財團將大部分權益轉由本地合組財團承接，便可反映北水流入香港物業市場似已開始逆轉。

重建和記大廈　或看淡避寒冬

說到李嘉誠出售中環中心，其交棒以後，旗下中環和記大廈也剛宣布落實在 2019 年重建，要知道物業重建後，雖然價值會提升，卻會少收了未來數年的龐大租金收入，市場也有分析說這可能是李氏看淡未來幾年的經濟和商廈市場，不如藉重建來避寒冬？

（圖3）

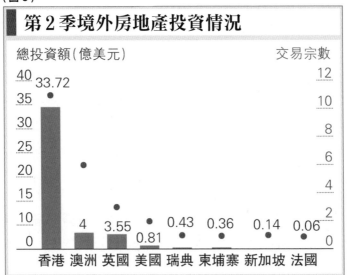

第2季境外房地產投資情況

總投資額（億美元）　　　　　　交易宗數

	香港	澳洲	英國	美國	瑞典	柬埔寨	新加坡	法國
總投資額	33.72	4	3.55	0.81	0.43	0.36	0.14	0.06

（圖4）

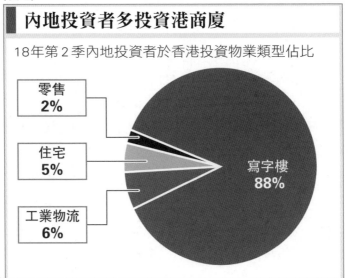

內地投資者多投資港商廈

18年第2季內地投資者於香港投資物業類型佔比

零售 2%

住宅 5%

工業物流 6%

寫字樓 88%

（明報製圖）

填海造地可「圍魏救趙」

■ 2018 年 8 月 11 日

　　政府透過按揭證券公司為 65 歲香港市民提供的年金計劃，首批申請只接獲 9,410 宗意向登記，總認購額約 49.4 億元，平均認購 52.5 萬元（可認購上限為 100 萬元），相較今次年金發行上限 100 億元計，認購金額比例不足五成。其實，年金的年回報率約有 4 厘，相較不少投資工具能提供的回報率高，如現在一般香港住宅的租金回報率也只有 2 厘多一點，但同期開售的一個元朗新盤，卻能出現萬人空巷的認購場面。

　　年金冷，磚頭熱，原因除了和年金對大多香港人屬新玩意，需時間「熱身」外，買年金主要為長者，而最急於買樓的多為年輕人，投資取向多有不同外，相信也和樓市 10 多年來大升小回，投資者總是愈熱愈追捧有關。不過，股神巴菲特早有名言，「人人恐懼時要貪婪，人人貪婪時則要小心」，投資要反其道而行才會有好成績。如美股去年中逼近高位，但巴菲特的投資旗艦巴郡持有的現金卻也是歷來最多，與一般股民或樓市投資者趁股樓最熾熱時瞓身入市，甚至加槓桿剛好相反，股神一直是股市愈旺持有愈多現金，待股市大跌時大舉入市時現金最少（圖 1），結果令他成為全球第 3 富有的人！

（圖 1）

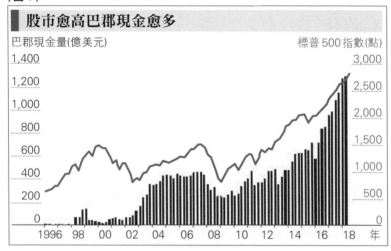

股市愈高巴郡現金愈多

巴郡現金量(億美元)　　　　　　　　　　　標普 500 指數(點)

股樓脫鈎　還是樓市時辰未到？

說開股市和樓市，過去數十年，香港股市和樓市的走勢關係密切，就是港股大升，樓市會跟升；港股大跌，樓市也會跟跌，如 1997 年亞洲金融風暴、2000 年科網股泡沫爆破，以至 2008 年金融海嘯、2011 年歐債危機，2013 年聯儲局加息和 2015 年「大時代」等股災後，港樓都曾出現明顯調整（圖 2）。但 2018 年港股在 1 月見頂後，在中美出現貿易戰和美國接連加息後，恒指雖一度跌了接近兩成，但樓價不但仍然屹立不倒，更是繼續屢創高位，是港股和港樓不再掛鈎，還是樓價下跌只是時辰未到？

港銀加按息　不宜掉輕心

之前不少分析說，香港樓價長升長有的一個重要原因是

息口低，不過 2018 年 8 月，花旗銀行突然宣布調高按揭息口，第 2 日更有多家銀行跟隨，加幅介乎 0.1 厘至 0.2 厘。雖然，就算加 0.2 厘，每借 100 萬元，以 25 年還款期計，每月只多付約 100 元，借 500 萬元按揭，則多付 500 元，對供樓負擔未必真的有太大影響，只是凡事總有開頭，現在只是加 0.1 厘至 0.2 厘不要緊，但如美國繼續加息，又或香港要追回先前未有跟美國加息的幅度，那對樓市的影響便不可太過掉以輕心。

港填海得來土地　遠少於深圳星洲

香港團結基金發表研究報告，建議可在大嶼山東部進行大規模填海，由此可造地多達 2,200 公頃，相當於半個九龍半島的面積，預料可興建 25 萬至 40 萬個住宅單位，容納 70 萬至 110 萬元人居住。

（圖 2）

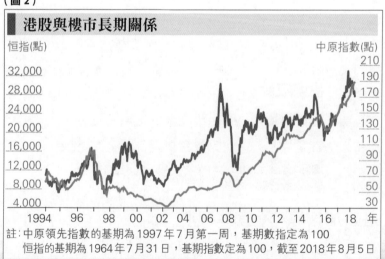

港股與樓市長期關係

恒指(點)　　　　　　　　　　　　中原指數(點)

註：中原領先指數的基期為 1997 年 7 月第一周，基期數指定為 100
　　恒指的基期為 1964 年 7 月 31 日，基期指數定為 100，截至 2018 年 8 月 5 日

　　不少人都說香港樓價高，港人居住空間狹窄，遠遠比不上如鄰近的深圳或我們的競爭對手新加坡，不過根據香港團結基金提供的資料，不單過去 10 年香港透過填海得來的土地供應遠遠不及深圳和新加坡，就算根據其建議在大嶼山東部進行大規模填海，未來 10 年有關的土地供應量也遠遠不如深圳和新加坡（**圖 3**）。

落實大規模填海　農地棕地「搶出貨」

　　當我們羨慕別人的樓價較低和居住環境較好，卻又拒絕或反對跟從別人的造地方法，這和緣木求魚有何分別？當然，也有說為何不先強行發展棕地或逼發展商交出農地起樓，但這其實牽涉到大量法律問題。有人說填海是遠水未必

（圖 3）

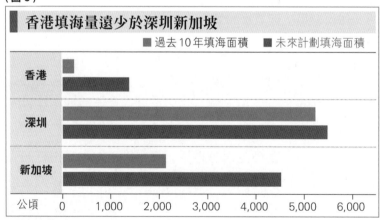

資料來源：香港團結基金報告

可救近火，相信大家都聽過「圍魏救趙」這個歷史故事，當年齊國因為路遠未必夠時間行軍救趙國，但齊國選擇先攻魏國，魏國自要班師自救，趙國危機便解除。

相同道理，如今次政府落實在大嶼山東部填海，就算 10 年後才可獲得 2,200 公頃土地，但擁有龐大農地儲備的發展商，還不快快將農地補地價，趕在填海完成之前推出單位賣樓？棕地的擁有人同樣不會傻乎乎地等發展商先起樓，然後再等填海地推出，令自己的地皮價值大降，他們自然會趁還有討價能力之時盡快推出土地，商討以合理價錢將地皮交予政府發展起樓。

黃竹坑站 3 期　財團出價「審慎」？

我常看到環保團體最出力反對填海，不過其實所謂「地產霸權」才應最反對大規模填海造地，因為這會對它們擁有的土地資產構成最直接的競爭。

港鐵（0066）招標的黃竹坑站第 3 期發展項目，只有 5 個財團入標，最終由長實（1113）投得，當中會否有執死雞情況就不得而知，但長實執行董事吳佳慶在聲明中表示，「對集團投得項目感欣喜，長實一直積極參與土地競投，按照每個項目本身的條件及潛質審慎出價，從不抱志在必得的心態，是次成功投標的價錢十分理想，利潤合理」，文字頗堪玩味。長實強調投得黃竹坑站 3 期的出價是審慎，卻反而能擊敗其他財團，是否暗示其他財團的出價更「審慎」？

樓價與成交愈來愈背馳

■ 2018 年 8 月 18 日

筆者在〈填海造地可「圍魏救趙」〉一文中，提到過去數十年，每逢港股大跌後，樓市沒多久也會出現明顯調整，但 2018 年 1 月港股見頂至 8 月，香港樓價卻繼續創新高，8 月中公布的中原樓價指數便又破頂，實在令人驚訝！不過，美聯統計的全港 35 個屋苑一周二手成交卻見約 1 年新低（**圖 1**），2018 年 7 月份居屋及公屋第二市場成交宗數也合共只錄 97 宗成交，按月急挫約 28.1%，並是自 2015 年 12 月後首次失守百宗水平，見 31 個月新低（**圖 2**），至於 8 月（截至 15 日）更僅得 13 宗，反映樓價與成交量愈來愈背馳。

（圖 1）

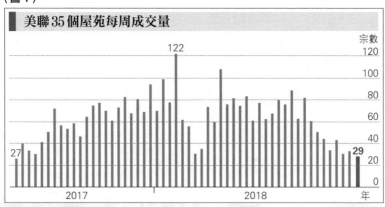

資料來源：美聯物業　　　　　　　　　　　　　　　　（明報製圖）

若以技術分析，港股恒指的月線已明顯跌穿了自 2016 年初以來引伸的上升軌，形勢實在不妙，過去被視為股王的騰訊控股（0700）更跑輸恒指，業績亦由高增長變成 13 年來首現倒退。之前騰訊股價狂飆，甚至有知名基金經理預期 2、3 年後股價可升至 1,000 元，主要是認為該公司每年能保持 30% 至 40% 的盈利增長，但只要偶不達標，甚至如今次般出現倒退，其高達 40 多倍市盈率的估值將如何維持下去？

港樓「市盈率」高如騰訊要小心

　　說到 40 多倍的市盈率，現時香港的各類住宅租金回報率只有 1 厘多至 2 厘多，如以之比作股票的盈利，並計算出樓市的市盈率，隨時高達 40 多倍甚至更高。當港元大手定期存款利率也高達 2 厘或以上，銀行也開始紛紛調升按揭息率，

（圖 2）

資料來源：美聯物業　　　　　　　　　　　　　　　（明報製圖）

香港銀行體系結餘也跌穿 1,000 億元以下（**圖 3**），一旦資金大舉流出香港，香港樓市的 40 多倍市盈率可以維持下去嗎？

其實騰訊未公布業績之前，股價已由高位跌了兩成多，所以投資者一定要向前看，不能看倒後鏡揸車。第一太平戴維斯的物業報告顯示，2018 年首季各個大型商場的營業額按年急升（**圖 4**），但也是否如騰訊的業績一樣屬滯後數據，在股市大跌後會否出現負財富效應，零售業或已響起警號？

零售好，商場房託如領展（0823）也會受惠。領展近年業績不錯兼公司不斷回購，單計 2018 年初至 8 月，該公司已經動用 48.3 億元回購，令其股價在 8 月初創出 78.05 元的新高，可說是港股大跌下的不錯避險股。不過，根據聯交所資料，原來領展行政總裁王國龍卻在同期合共沽出 150 萬股，套現 1.15 億元，究竟是不是王國龍先知先覺，認為香港零售業會轉差，所以先行出貨？據傳媒「了解」，王國龍沽領展並不是看淡前景，而只是近期想為一對子女置業才賣領展，現時他仍持有領展 317 萬個單位，市值 2.44 億元。

領展CEO減持套現1.1億　零售響警號

和朋友談及這件事，朋友就話如王國龍真的用 1.1 億元為子女置業而要賣股，那豈不是每位要付 5,500 萬元，則其「父幹」實在非常偉大。就算真是為子女買樓，會否全部花光了 1.1 億元，還只是用了其中的 1,000、2,000 萬元？如果是這樣則似乎是趁高套現，為子女買樓只是藉口而已。

（圖 3）

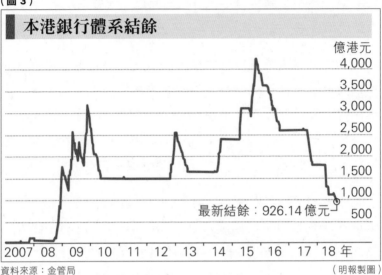

本港銀行體系結餘

億港元

最新結餘：926.14 億元

資料來源：金管局　　　　　　　　　　　　　　　（明報製圖）

（圖 4）

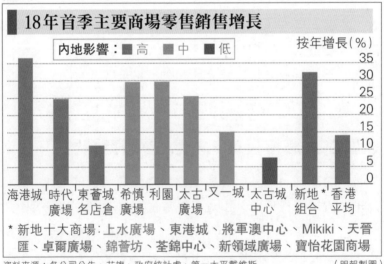

18年首季主要商場零售銷售增長

內地影響：■高 ■中 ■低

按年增長（%）

海港城　時代廣場　東薈城名店倉　希慎廣場　利園廣場　太古廣場　又一城　太古城中心　新地*組合　香港平均

* 新地十大商場：上水廣場、東港城、將軍澳中心、Mikiki、天晉
匯、卓爾廣場、錦薈坊、荃錦中心、新領域廣場、寶怡花園商場

資料來源：各公司公告、花旗、政府統計處、第一太平戴維斯　　　　（明報製圖）

　　財政司司長陳茂波在他發表的網誌提醒大家，除要小心貿易戰的不利影響，也要留意利息向上的風險，並指出港人家庭一半資產和物業有關，一旦樓市調整難免會受影響。

　　當然，當樓價仍在高位甚至續創新高之時，大家都會覺得財富集中在物業並無不妥，甚至會後悔為何當初不多買一些「磚頭」，就算以高槓桿也是應該，甚至是聰明的做法。

　　不過，正如 2017 年人們投資股票的時候，縱使大市升了三成多，也會有人說為何當初不瞓身買騰訊又或買 Bitcoin，否則早已大富大貴了。只是任何投資，過去表現不代表未來，如果 2018 年初高追騰訊的話，其跌幅已比恒指大，如在年頭買了 Bitcoin，隨時損失達七成。而 1997 年亞洲金融風暴前，人們也會說樓只會買貴不會買錯，最後卻隨樓價下跌，出現超過 10 萬個負資產家庭。

高追樓價　倘有意外難轉身

　　當然，筆者不預計樓價必然很快大跌，只是想說當大部分家庭都是有磚頭的話，樓市升固然值得開心，但若出現意外便不一定可以趕及轉身，所以如中原老闆施永青，雖然是從事代理行業，自己也盡量只將四成資產投資物業，三成投資股票，兩成為債券或現金，其餘一成是黃金，為的是不將所有雞蛋放在同一籃子裏。

壓垮樓市最後一根稻草

■ 2018 年 8 月 25 日

　　美股標普 500 指數在 2018 年 8 月 22 日最高升至 2,873 點，以 2009 年 3 月金融海嘯見底計，錄得有史以來最長牛市，已達到 3,453 日，即超過 9 年，超越上一次科技股熱潮推動的 1990 年至 2000 年牛市（**圖 1**）。美國總統特朗普隨即在 Twitter 貼文，認叻並祝賀美國錄得有史以來最長牛市。美股牛市就算持續，已屬老牛，不過相比之下，香港樓市自 2003 年 SARS 觸底後連升 15 年多（**圖 2**），更是超齡老牛。

　　到底香港樓市這頭超齡老牛何時會顯疲態，各人自有看法。早前「娥六招」出台後，縱使香港股市因中美貿易戰惡

（圖 1）

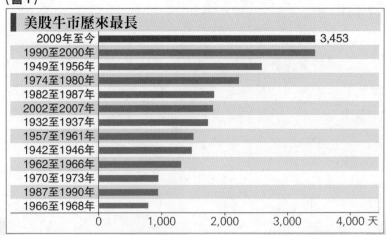

美股牛市歷來最長

	天
2009年至今	3,453
1990至2000年	
1949至1956年	
1974至1980年	
1982至1987年	
2002至2007年	
1932至1937年	
1957至1961年	
1942至1946年	
1962至1966年	
1970至1973年	
1987至1990年	
1966至1968年	

（圖 2）

港股牛市超過15年

中原樓價指數由 2003 年
的大約 30 點，到最近突
破 180 點，香港樓市經歷
了 15 年牛市

中原城市指數　點
180
140
100
60
20

2003 04　05　06　07　08　09　10　11　12　13　14　15　16　17　18　年

化而大跌，本港樓價指數仍然繼續創新高，不少樓市分析員
認為樓市只會繼續向好。但近期漸見發展商加快賣樓，且開
盤定價也見調低，二手更見業主明顯減價個案，以至里昂證
券發表報告指香港樓市正面對 15 年來最大逆風（the worst
headwind in 15 years），預測未來 12 個月香港樓價會回調
15%，因為這是較長時間以來首份看淡香港樓市的報告，會
否是市場情緒逆轉先兆，值得細看。

里昂：3 大利淡因素同時出現

　　里昂指出，過去 15 年香港樓市曾出現 3 次較大調整，
原因各有不同，最先是 2005 年 6 月至 2006 年 9 月的一次，
當時主因是按揭利率調升；第 2 次則是 2008 年 2 月至同年
12 月，當時乃由環球金融海嘯所觸發；第 3 次是 2015 年 9
月至 2016 年 4 月出現的樓價急跌，原因是人民幣急速貶值
造成。里昂指出，上述 3 次導致香港樓市調整的不同原因，

在 2018 年年中同時出現，包括拆息由過去 9 年低於 1 厘升至近 2 厘；二是恒指由 2018 年高位跌至現水平，已有約 17% 跌幅；至於人民幣也貶值了 9%，但本港樓價卻升了約 14%，似乎已屆轉勢之時。

里昂又表示，雖然每年新增樓宇供應只佔總存量 0.8%，不會對供求逆轉構成重要影響，但當二手舊公屋造價也達 600 萬元，市民的樓宇負擔能力已響起警號。更值得留意的是，不少樓市需求乃由父母透過加按物業為子女買樓融資（圖 3），但當香港銀行 3 個月拆息和住宅租金回報率的差距已收窄至金融海嘯後最窄水平（圖 4），市場情緒由牛轉熊並不出奇。

發展商開價愈趨貼市

里昂又認為，令到香港樓市由升轉跌、壓垮駱駝的最後

（圖 3）

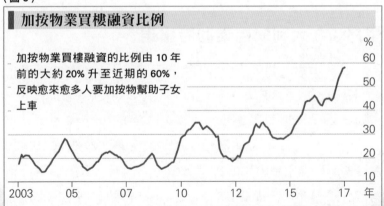

加按物業買樓融資比例

加按物業買樓融資的比例由 10 年前的大約 20% 升至近期的 60%，反映愈來愈多人要加按物幫助子女上車

一根稻草，可以是發展商以折讓價賣樓（2018 年中深水埗開售的一個新樓盤，首批單位呎價為市區半年來首度低於 2 萬元）、主要銀行調升最優惠利率（9 月極可能出現），以至政府推出限購不准內地人來港買樓，又或透過准許加快預售樓花時間，變相增加供應等。

香港樓市近年瘋狂，大大加劇了有樓和沒樓市民間的貧富懸殊，里昂便計出在 2012 至 2017 年一個太古城 500 呎單位的樓價升幅達 51%，期間樓價增加了約 310 萬元，有關金額足可支付供讀 19 個大學學位費用；又或每月去三星級米芝蓮餐廳消費長達 87 年；也可足夠 92 年每月買機票來回東京旅行；又或每晚去大家樂晚飯消費達 102 年，以至足夠每日買來回票搭港鐵搭足 960 年……

曾鈺成：政府意志不足

樓市何時轉勢，要留待時間告訴大家答案，有不少評論說，若香港能像新加坡大量推出組屋，樓價自然不會如現在般瘋狂。曾鈺成曾撰文〈居有其居〉，談論新加坡的組屋為何成功，不單價廉，且供應充足，最後一段是這樣寫的：

「人民安居則社會穩定，這是新加坡政府管治成功的經驗。香港有可能像新加坡那樣，做到『居者有其屋』嗎？不可能。為什麼？政府不是沒有錢，香港不是沒有地，做不到是因為政府意志不足，反對力量太大。反對力量來自哪裏？你懂的。」

曾鈺成沒直接指反對「居者有其屋」的力量為何，只說「你懂的」，相信大多數人都會認為是財雄勢大的發展商，因如人人都已居者有其屋，還有什麼人會繼續願意以數十年收入來買樓？

反對力量太大　學不到新加坡

其實除了發展商外，還有更多人口說想樓價平穩可以讓大家更易入市，其實心裏是希望樓價愈升愈高，以後供應愈少愈高興，那便是大部分有樓的業主，尤其是剛入市的，如剛買樓後政府大增供應，樓價轉跌哪將如何是好？

在香港，超過一半人已擁有自置物業，心裏反對政府大增供應推低樓價的，可能較真正支持的還多。2003 年樓價大跌七成時，有 50 萬人上街示威，大家應該記憶猶新。

什麼力量反對居者有其居？你懂的！

（圖 4）

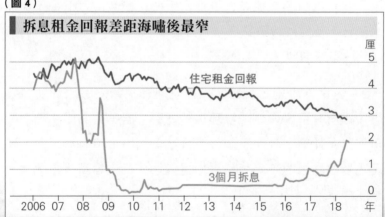

拆息租金回報差距海嘯後最窄

住宅租金回報

3個月拆息

2006 07 08 09 10 11 12 13 14 15 16 17 18 年

厘 5 4 3 2 1 0

利淡主導 樓市「逆水行舟」

■ 2018 年 9 月 1 日

　　差餉物業估價署公布截至 2018 年 7 月底數據，私人住宅樓價連升 28 個月，單計首 7 個月則上升 11.6%，但同期租金升幅只有約 3.4%，變相進一步拖低租金回報率。展望後市，除了證券商里昂預計未來 12 個月樓價將調整 15%，也有物業代理開始轉淡，如美聯集團（1200）主席黃建業便趁發表公司業績對 2018 下半年樓市作預測，指市場目前由利淡因素主導，蓋過利好因素，樓市猶如「逆水行舟」，短期料見頂，甚或出現輕微調整。

美聯黃建業：料樓市短期見頂

　　樓市分析，不同人有不同看法，最重要是有何理據，大家是否認同黃建業對樓市展望不重要，但他所列出的利好及利淡因素則頗有參考價值。

利好因素：

（一）持貨力強，因六成半自置家庭供滿樓；

（二）經濟持續向好，失業率只有 2.8%；

（三）香港存款高近 13 萬億元，資金充裕；

（四）香港人口比 10 年前增加 49 萬人，「大灣區」吸引人才來港，增加住屋需求；

（五）實際需求大，因實際用家主導，放盤少，平均首期高達
　　　五成，換樓人多；

（六）按息雖有上升壓力，仍屬低息，實際供款增加有限；

（七）空置率低，租金受支持；

（八）未來供應難大增。

利淡因素：

（一）投資者出貨；

（二）加息壓力；

（三）中美貿易戰；

（四）人民幣貶值；

（五）留意美國是否持續縮表。

港科研經費落後　應促進與深圳融合

　　黃建業提及「大灣區」吸引人才來港，增加住屋需求。
剛好國際物業顧問世邦魏理仕發表了 1 份有關大灣區的研究
報告，當中提及大灣區內各主要城市包括香港、澳門、廣州
和深圳等的發展指標狀況，從附圖可見香港和澳門最缺乏土
地發展，不過澳門近年透過填海及融合毗鄰的珠海橫琴，不
少因缺乏土地而衍生出來的問題得以解決。另外，香港在研
究及開發經費佔 GDP 比例明顯偏低，更是遠遠被毗鄰的深圳
拋離，看來在這方面深港融合應多做工作，或許應更加重視
及加快在深圳和香港之間河套區的發展。

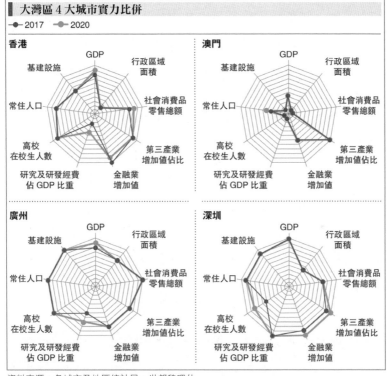

大灣區4大城市實力比併

2017　2020

香港

GDP
行政區域面積
社會消費品零售總額
第三產業增加值佔比
金融業增加值
研究及研發經費佔GDP比重
高校在校生人數
常住人口
基建設施

澳門

GDP
行政區域面積
社會消費品零售總額
第三產業增加值佔比
金融業增加值
研究及研發經費佔GDP比重
高校在校生人數
常住人口
基建設施

廣州

GDP
行政區域面積
社會消費品零售總額
第三產業增加值佔比
金融業增加值
研究及研發經費佔GDP比重
高校在校生人數
常住人口
基建設施

深圳

GDP
行政區域面積
社會消費品零售總額
第三產業增加值佔比
金融業增加值
研究及研發經費佔GDP比重
高校在校生人數
常住人口
基建設施

資料來源：各城市及地區統計局、世邦魏理仕

　　說到香港填海造地，金管局前總裁任志剛在網誌撰文提出土地政策建議，他認同香港應大規模填海，並指出土地政策應以公眾利益為先，卻很多時予人維護高地價政策的不良印象。他認為，香港賣地的收入非常可觀，令公共財政錄得龐大盈餘，然而，從宏觀經濟角度看，香港並不需要龐大的財政盈餘，而且龐大盈餘只會拖着經濟發展的後腿。另外，政府售賣住宅用地的收入，其實是一種稅收，並由私人市場上以天價租樓或買樓的一般市民繳付，而政府在住宅用地供應的立場上，一直令人誤以為香港存在違反公眾利益的「高地價政策」。

　　任又指出，在數量方面，政府現時的做法，好像是用一些人口增長和人均居住面積等數據的假設推算住宅用地的需求，從而制定相關的土地開發政策。但如果要改變市場普遍對住宅價格「只升不跌」的預期，政府就有需要採用大刀闊斧的方式，大幅度增加住宅用地，力度要足以將「供不應求」變成「有求必應」，並長期維持這個狀況。

　　在價格水平方面，任指政府當然應繼續依賴市場機制去發現價格。然而，在決定住宅用地供應量時，政府應該更加留心市場所提供的價格信號。最理想的情況是，只要住宅用地的市場價格高於開發這類土地的平均成本，政府就應該增加供應。此舉有助消除外界的誤解，以為政府刻意推行高地價，控制住宅用地供應以牟利，犧牲市民住屋需要。

任志剛：政府可施罰 阻囤積居奇

他又認為，毫無疑問，住宅用地是香港的一項非常重要的資產，丟空不作發展肯定有違公眾利益。因此，只要住宅用地存在短缺情況，政府就應透過罰則措施，阻止囤積居奇，如果要認真解決香港房屋問題，在住宅土地供應方面就需要採用大刀闊斧的方式，將「供不應求」扭轉為「有求必應」。政府作為「獨市」的土地供應者和保護公眾利益者，應當勇敢地迎難而上。

高按如吸毒　賣樓難斷癮

■ 2018 年 9 月 8 日

　　2008 年 9 月中，美國政府宣布放棄拯救雷曼，環球金融海嘯正式爆發，港股亦受波及而由高位跌了 3 分之 2，香港樓價也一度急插接近三成。之後美國開始減息量寬救市，香港除了存款息率逐步跌至近 0，P 按息率也跌至只有 2 厘多一點，並長期在低位橫行，加上供應短缺，終導致樓價展開長期大升浪（**圖 1**）。10 年過去了，新興市場貨幣和股市再次風

（圖 1）

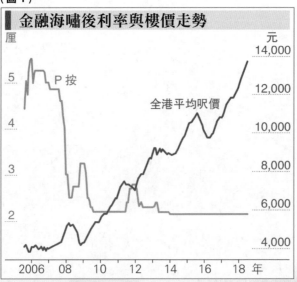

金融海嘯後利率與樓價走勢

資料來源：美聯網站

起雲湧，香港樓市會否又屆轉捩點？

雖然過去 10 年樓價先跌後大升，但成交量卻是一蟹不如一蟹，加上政府推出辣招稅和收緊按揭，購買力湧去了能提供高成數按揭的一手新盤。不過，這猶如吸毒，有新盤拒絕提供高成數按揭，首日便只能賣出數個單位。根據經絡按揭轉介研究部及土地註冊處資料，2018 年 5 月份發展商承做樓花按揭比重曾升至 32.9%，按月大升逾 5 倍；同年第 2 季發展商承做樓花按揭比重達到 17.4%，比首季的 6.5% 及 2017 年同期的 12.4% 分別上升 1.68 倍及四成，創出有紀錄以來新高（**圖 2**）。

（圖 2）

發展商承做樓花按揭佔比

資料來源：經絡按揭轉介研究部、土地註冊處

經絡按揭轉介首席副總裁劉圓圓表示，樓花成交期有長有短，買家可選擇即供或建築期付款，部分反映 2017 年至 2018 年初的銷售狀況，而是次數據反映發展商按揭在 2018 年再度有上升的趨勢，看來以高按賣樓的「毒癮」難戒，發展商和買家愈陷愈深。劉圓圓也提醒，選用發展商提供的高成數按揭之首數年，多以較低息率供款，但其後息率將會大幅上升，再加上聯儲局勢必加息，香港銀行於 2018 下半年加息機會亦甚高，屆時業主的供樓負擔將會上升。部分高成數按揭計劃或未需買家通過金管局規定的壓力測試，俗稱「呼吸 plan」，選用此類型按揭計劃的人士，必先考慮清楚加息周期下自身的負擔能力。

發展商和買家愈陷愈深

大家除了要留意美國極可能會加息外，華僑永亨銀行 2018 年中亦宣布，將港元儲蓄存款利率由 0.01 厘調升至 0.25 厘，適用於 1 萬元或以上結餘之存款，這乃是時隔 12 年，再有銀行調高俗稱「紅簿仔」的港元儲蓄存款利率，反映市場離真正加息已經不遠。該行表示，此舉能增加客源及加強現有客戶關係，這配合該行致力擴大儲蓄存款基礎的業務策略。

銀行上調「紅簿仔」存款利率，會增加經營成本，在 2018 年曾屢創新高的本地銀行恒生（0011）股價也開始受壓。其實早前已有不少銀行提供高於 2 厘的大手港元定期

儲蓄利率，已是貼近按揭利率，近期港元 3 個月拆息高於 2厘，較差餉物業估價處的豪宅租金回報只有約 1.9 厘更高。銀行不是開善堂，存款利率也加了，調升 P 按利息還會遠嗎？

發展商加快去貨　一手大軍壓境

雖然不少代理繼續唱好樓市，但發展商卻明顯加快賣樓。根據《明報》統計，2018 上半年賣樓如「唧牙膏」的龍頭發展商新鴻基地產（0016），自 6 月底推出「娥六招」主導了 7 月至今的新盤市場，系內主要樓盤這 2 個月估計累售超過 1,800 伙，當中逾七成來自南昌站匯璽 II、元朗 PARK YOHO Milano 和 Grand YOHO 等現樓，同期吸金估計超過 240億元。相對 2018 年 1 月至 6 月累計銷售逾 1,200 伙、套現逾 150 億元，顯示新地在這 2 個月的銷量及吸金額，均較上半年分別高約 50% 和 60%。

除了新地，其他發展商也積極申請賣樓，如 2018 年8 月份共有 3 份新申請預售樓花同意書，涉及單位數目達2,364 伙，雖然較 7 月高位 5,269 伙回落逾半，但仍創 5 個月來第 2 高。值得留意，這 2 個月新申請預售樓花單位合共達 7,633 伙，已比起整個上半年的 6,393 伙，高出約 19.4%。

事實上，隨着這 2 個月發展商加快申請預售樓花，帶動2018 年首 8 個月累計已達 14,026 伙，比起前年同期 7,748

伙高出逾八成外，亦已達 2017 年全年 15,940 伙接近九成。至於獲批方面，隨着 8 月份新申請預售樓花同意書的單位數目持續高於獲批數目，因此累積待批樓花單位進一步攀升至 16,810 伙，按月續升約 9.6%，續創自 2002 年 10 月後的 16 年新高（**圖 3**）。

「娥六招」效力逐漸浮現

不少分析曾說「娥六招」無用，但筆者早就指出「娥六招」屬組合拳，不可小覷，加上股市持續受壓和香港進入加息周期愈來愈明顯，發展商加快散貨也是可以理解，新盤開始也不再以溢價甚至貼近二手價開售，令二手交投愈加萎縮！

（圖 3）

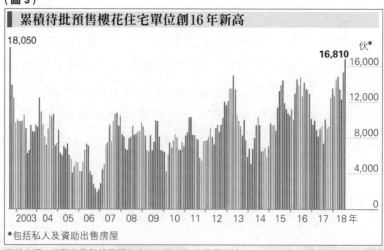

■ 累積待批預售樓花住宅單位創16年新高

資料來源：美聯物業數據及研究中心、綜合地政總署資料

高佣促銷　變相劈價

■ 2018 年 9 月 22 日

2018 年 6 月 29 日，政府宣布推出「娥六招」，當時中原樓價指數報 186.81，之後繼續攀升至 8 月初最高見 188.64，發展商為避空置稅加快賣樓，加上拆息和銀行存款利率攀升，以及港股因貿戰受壓，樓價指數終見回落，報 186.60，較公布「娥六招」時還低，市民對後市的看法亦急速轉變。

香港置業進行的 2018 年第 3 季「置業意向調查」結果顯示，逾五成受訪者看淡後市，當中最多人（即 22.2%）認為未來 12 個月香港樓價走勢會下跌 5% 以內，有 19.3% 認為會下跌 5% 至 10%，認為下跌 10% 以上的佔 12.1%，至於看好後市的佔 24.5%，其餘 21.9% 預料未來 12 個月樓價走勢平穩（圖 1）。調查亦顯示，只有 33% 受訪者計劃未來 12 個月會入市，比例不但較第 2 季下跌 3.1 個百分點，更是同類調查有紀錄以來的 10 季新低（圖 2）。

發展商加快賣樓　貼市開價

市場就是這樣有趣，早前樓市不斷創新高之時，人人都覺得實際需求強勁，任何利淡消息都壓不住樓市，買樓只會買貴，不會買錯；但當樓價開始稍作調整，受訪者看淡的比例便即超過一半，入市意欲亦即煙消雲散。其實，當樓價指

（圖 1）

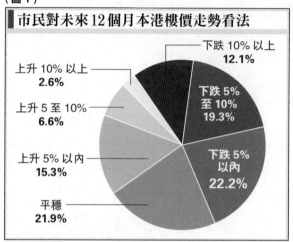

市民對未來 12 個月本港樓價走勢看法

下跌 10% 以上
12.1%

下跌 5% 至 10%
19.3%

下跌 5% 以內
22.2%

平穩
21.9%

上升 5% 以內
15.3%

上升 5 至 10%
6.6%

上升 10% 以上
2.6%

資料來源：香港置業置業意向季度調查

（圖 2）

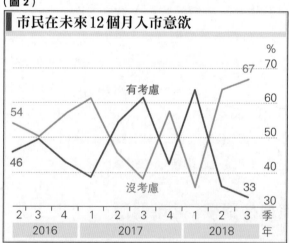

市民在未來 12 個月入市意欲

有考慮

沒考慮

54
46
67
33

| | 2 | 3 | 4 | 1 | 2 | 3 | 4 | 1 | 2 | 3 | 季 |
| | | 2016 | | | 2017 | | | | 2018 | | 年 |

資料來源：香港置業置業意向季度調查

數回落至宣布「娥六招」以前水平，如跌勢不止，那便證明「娥六招」的效果已開始顯現，除非有新的利好因素出現，否則樓價見頂的機會頗大。

估價指數急挫　銀行按揭變保守

　　尤其值得注意的是，自「娥六招」後發展商確實加快賣樓，而且開價也變得克制，之前新盤平均售價一度較二手樓有高達接近兩成的溢價，最近已大幅收窄至只約 5%，令到新盤帶動二手樓價的推升動力也大減，二手樓按季升幅為 1 年以來最低（**圖 3**）。

（圖 3）

18 年第 3 季新盤溢價大幅下跌

—◯— 新盤較二手樓溢價
■ 「美聯樓價指數」按季變幅

資料來源：美聯物業

　　如果大家認同發展商的市場觸覺較一般市民敏銳，他們的開盤取態便對後市有啟示，而除了發展商外，銀行對提供按揭的態度也開始變得較保守。中原地產研究部高級聯席董事黃良昇指出，估價指數 CVI（以調查銀行對 1 個月前的估價變化計算得出）在 2018 年 9 月中報 67.19 點，較上一周的 71.35 點大跌 4.17 點，是美國議息前 2 周的調查。黃良昇指 CVI 下降趨勢明顯，跌穿 70 點後，相信 CVI 將繼續向下逼

近 60 點水平,顯示銀行按揭取態明顯降溫,有別於早前積極進取的態度,樓價升勢受阻。

其實,如銀行在按揭上變得保守,一是可能對樓市後市不再看好,二是可能銀根緊張和息口向上,銀行較注意控制風險,在 2015 年第 3 季當銀行按揭取態變審慎,導致 CVI 跌破 50 水平,之後樓價便出現較急勁的調整(**圖 4**)。

美 10 年期債息回升　不利股樓

港元匯價在 9 月 21 日被挾升,單日升幅為 15 年最勁,市場流傳多種解讀,往好處想是資金回流,以致大量港元淡倉被「斬倉」,以及中港假期前夕投資者的轉倉行動等,但亦可能是挾息所致,如港元的一周拆息便創近 10 年新高,3 個月拆息也高於 2 厘以上。

(**圖 4**)

資料來源:中原地產

說到息口，美國 10 年期債息近日形成雙底並回升至 3 厘以上，美國聯儲局議息料再加息，如美國 10 年期債息進一步升穿前高位 3.13 厘，那 10 年期債息升破 30 年下降軌後出現的整固或已完成，對股市和樓市都不會是好消息。

有報道指出，原來多個一手盤發展商不約而同地大幅調升代理促成的交易佣金，當中有佣金由樓價的 3% 大幅加至 7%，加幅高達 1 倍有多！

發展商賣樓不是做善事，大幅加佣，自然是想促銷，不過相信一般買樓客不會知道，原來他們以數百萬，甚至逾千萬元來買樓，當中的 7% 樓價可能屬於發展商支付代理的佣金！

佣金調高扭曲樓價指數

如果樓盤真的如一些代理吹噓指銷情熾熱，相信發展商也不用付高佣金。很多時候，加佣除了可激勵代理更積極找客，也可以透過將部分佣金回贈予買家，變相減價，但就可避免直接減價，給予公眾樓市轉差的印象。當然，也有客人不知道原來可要求代理將部分佣金回贈，那便容易出現「同樓不同價」的現象。

還有，透過高佣金變相減價，在土地註冊處的成交紀錄售價卻仍維持在高價，那不論是官方或代理的樓價指數，便仍以高價成交計算，就算市況已轉差和樓價已真正下調，人們看到樓價指數仍然向上，造成誤導。

息狼來了　小心「屋漏兼逢夜雨」
■ 2018 年 9 月 29 日

　　大家都聽過狼來了的故事，美國聯儲局 2018 年 9 月 27 日宣布再加 0.25 厘後，香港的「息狼」也終於現身，本港銀行紛紛調高最優惠利率（P）及儲蓄存款利率，是 12 年半以來首次加息。滙豐銀行翌日把最優惠利率上調 0.125 厘，其後逾 10 家銀行普遍跟隨此加幅，華僑永亨及富邦更加了 0.25 厘。

　　有趣的是，市場的最優惠利率（P）原本分為「大 P」及「細 P」，部分銀行由 5 厘加至 5.125 厘，部分則由 5.25 厘加至 5.375 厘，計及加 0.25 厘的華僑永亨及富邦，市場共出現了 3 個最優惠利率（即 5.125 厘、5.375 厘和 5.5 厘）。

　　其實，聯儲局自 2016 年起已加了 8 次息，由於香港之前不加，在息差擴闊之下香港銀行結餘不斷減少，今次聯儲局加了 0.25 厘之後，大部分本港銀行只加了 0.125 厘（**圖 1**），香港加息落後的幅度仍在擴闊，往後香港的銀行結餘減少勢必持續，如銀行結餘減少至 500 億元以下，香港再加息的機會不小。

倘港銀結餘不足 500 億　或再加息

　　最先宣布加息的滙豐銀行，該行亞太區顧問梁兆基在記

招上否認受政府壓力而加息，並指香港是自由商業社會，加息純屬商業決定，不存在「不情願加息」的情況。值得注意的是，梁兆基指滙豐作出加息決定並不容易，因為有可能令香港「屋漏兼逢夜雨」，原因是香港經濟正受中美貿易戰影響，預期 2019 年經濟增長會放緩至 2% 至 3%，在經濟前景不明朗下，加息會影響許多企業，個人債務負擔亦會加重，但在衡量資金成本上漲及存款轉移的因素後，為顧及股東利益，同時要照顧廣大存戶的感受，所以決定加息。

其實香港最尷尬的是，在貿易戰下經濟極可能受影響，本應減息或不加息更有利應付貿易戰，但在聯繫匯率下港匯

（圖 1）

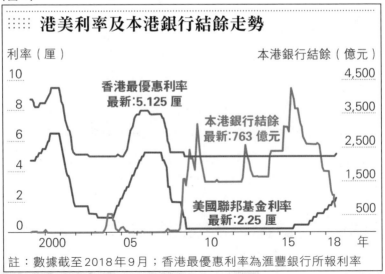

港美利率及本港銀行結餘走勢

利率（厘）　　　　　　　　　　　　本港銀行結餘（億元）

香港最優惠利率
最新:5.125 厘

本港銀行結餘
最新:763 億元

美國聯邦基金利率
最新:2.25 厘

註：數據截至 2018 年 9 月；香港最優惠利率為滙豐銀行所報利率

資料來源：經絡按揭轉介研究部　　　　　　　　　　　　（明報製圖）

和港息走勢卻要跟隨美國走，美國暫時卻是經濟表現不俗和通脹升溫，仍有相當的加息空間，將來恐怕會出現香港經濟轉差甚至有通縮壓力，卻被迫要跟美國加息，這樣對經濟和樓市才是最致命的，應了梁兆基所謂的「屋漏兼逢夜雨」！

供樓負擔比率恐逾70%

其實，在香港提升P按利率以前，由於拆息早已上升，所以採用H按的業主，一早已要面對加息所造成的供款增加壓力。今回香港銀行調升最優利率，則連P按的業主也要加重負擔。當然，今次大部銀行的P按息率只加了0.125厘，若以30年期還款計算，每100萬元的按揭供款每月只多供了64元，看似影響不大，不過未必每個人的按揭多承做30年按揭。

按揭轉介機構經絡便以500平方呎單位，港人一般家庭收入和20年還款期計算，加了這0.125厘之後，香港平均的供樓負擔佔家庭收入比率便已升至65.7%；若之後美國再加息而香港跟隨，假設香港樓價和收入不變，按息再加0.75厘，供樓負擔比率便會升至70.4%，雖然仍遠低於1997年亞洲金融風暴前116.6%，卻已明顯高於2008年金融海嘯前的44.3%（圖2）。

RICS會員調查：18年底樓價將跌

一些代理仍會說加息影響很小，但不少專業人士已開始

（圖 2）

每月供樓負擔比率將逾七成

116.6
100.1
比率（％）
100

80
70.4#
65.7*
60

44.3
40

32.8   * 為臨時數字
20
19.8   # 為預測數字

0

1997 2000   05   10   15   18 年

註：每月供款數字以實用 500 方呎單位、七成按
　　揭及供 20 年計算；負擔比率 =（每月供款 /
　　居於私樓家庭入息中位數）x100%

資料來源：經絡按揭轉介研究部　　　　　　（明報製圖）

（圖 3）

RICS 受訪會員預測
未來 3 個月樓價下跌

淨值（％）　　　　　　　　　　按年變幅（％）

差估署樓價指數

80　　　　　　　　　　　　　　　20

40　　　　　　　　　　　　　　　10

0　　　　　　　　　　　　　　　0

RICS 會員樓價預測

−40　　　　　　　　　　　　　　−10

−80　　　　　　　　　　　　　　−20

6 10 2 6 10 2 6 10 2 6 10 月
2015   2016   2017   2018 年

資料來源：RICS　　　　　　　　　　　（明報製圖）

看淡後市，皇家特許測量師學會（RICS）發表的香港住宅市場調查報告指出，受訪的會員對本港住宅市場價格在 2018年底前的預期，是近 2 年以來首次下跌（**圖 3**）。該會指出，受訪者反映市場關注中美貿易的緊張關係，預期利率上升和過高的樓價將窒礙住宅價格上揚，買家需求更是自近 2 年來首次下跌。

受訪者於報告指出，住宅升幅於 8 月有顯著減慢，數據反映投資和租賃買家諮詢按月下跌，逾 5 分之 1 受訪者反映新買家諮詢減少，以香港和九龍區尤其嚴重。18% 的受訪者反映來自內地買家的諮詢同樣地減少。

報告同時指出，中美貿易戰、高樓價和預期高息環境，為買家置業增添壓力，10% 受訪者指獲取信貸情況於 8 月更嚴謹，亦預期由於美聯儲將會繼續上調息口，此情況於 10 至12 月將會持續，雖然租金預期於未來 3 至 12 個月續升，惟升幅較之前預期放緩。

美聯物業發表報告指出，在不包括村屋及全幢物業等成交下，2018 年首 8 個月新盤售出約 10,503 伙（連同一約多伙計算），當中 500 平方呎或以下細單位及逾 1,000 平方呎大單位銷售佔比均較去年同期上升；反之，中型單位 501 至1,000 平方呎比率卻按年回落。數據反映 2018 年新盤銷售的細單位及大單位比重按年增加，中型單位則下跌（**圖 4**）。

（圖4）

18年首8月新盤售出單位分佈

2017年　2018年

8.8% → 17%（小於300）
29.3% → 32.7%（301至500）
30.6% → 22.6%（501至700）
18.7% → 14%（701至1,000）
12.5% → 13.7%（大於1,000）

單位實用面積（方呎）

資料來源：美聯物業　　　　　　　　　　　　　　　　（明報製圖）

中型單位供應減　反映市場不健康

筆者看完該報告後，想起了知名學者及評論員大前研一提出的「Ｍ形社會」現象，即富者愈富，貧者愈貧，造成中產萎縮，香港的樓市，樓價除富豪不受影響，中產也只能負擔愈來愈細的單位，於是發展商因應市場的承受能力，只能推出較多的大單位和細銀碼的細單位，令到中型單位供應量減少，也反映市場非常不健康。

「明日大嶼」
可催逼棕地農地業主合作

■ 2018 年 10 月 13 日

2018 年 10 月 10 日，特首林鄭月娥宣讀施政報告，當晚美股急瀉，翌日港股曾跌近千點，可算「贈興」。施政報告有關土地及房屋政策若能落實，將徹底改變香港樓市過往供不應求的局面，但一向要求增加房屋供應的政客又有異議，最有趣是批評是「明日大嶼」填海計劃會耗掉庫房一半儲備！

有時候，香港同一批政客的評論可以不斷改變立場，如果香港政府限制造地賣地，庫房地價收益大增，他們會批評只顧高地價政策，不理民間疾苦，反過來若用公帑大規模填海造地，又會掉轉槍頭說政府亂花錢。

公私營房屋比例　不會推高樓價

其實，縱使「明日大嶼」真的要花數千億元填海造地，但之後透過賣地也能回籠不少，當然，至於堅持要先發展棕地，最後才填海，那便只會令棕地擁有人有更強的談判本錢，更難推動，反而筆者早於〈填海造地可「圍魏救趙」〉一文提過，如政府先動手大規模填海，不論棕地也好，農地及鄉郊地的業主也好，自然會搶先在填海土地出籠前和政府商討補地價等問題，以免他日填海土地到位，其土地價值大跌。

　　林鄭的施政報告，還提及要將公私營房屋比例由六四改至七三，有評論擔心反而會推高私人住宅樓價，但看看新加坡的例子，縱使當地組屋和公營房屋比例高達九成，但因過去數十年願意不斷填海增加土地供應，當地私人樓價和租金水平還不是遠低過香港？

數據滯後 CCL 跌勢趨急

　　施政報告公布後，股市表現可用「驚心動魄」來形容，中原樓價指數（CCL）也進一步下挫，制定指數的負責人直言，「樓價明顯由早前的反覆微升，轉為見頂回軟。樓價調整已經開始，但下調信號仍未夠全面。9月中旬，中美貿易戰升級，全球經濟轉淡，將會引發本地樓價進一步向下調整。預計整體樓價出現較明確的下調信號需要到 10 月下旬公布的 CCL 才能開始反映。」即是說因滯後效應，樓市實況將較現時指數反映的更差，稍後指數再跌的速度和幅度，將會更急勁！

　　香港股市大跌，樓市也開始跟隨，最重要原因自是中美貿易戰不斷惡化，加上美息上升而香港終也加息，自然不利樓市。

　　不過，雖然美股在同期也開始急跌，但和中港股市已大跌了數個月有頗大分別。筆者獲邀請到美國南部的侯斯頓（Houston）及加州的洛杉磯考察當地的房地產項目，卻少見當地人談論貿易戰，似乎並不為意貿易戰對當地經濟會造成什

麼重大打擊。

當然，貿易戰起，加上中國政府加強控制資金外流，自會減少中國資金到海外投資的意欲。萊坊第 4 次推出中國對外房地產投資報告，主題為《挑戰中，尋機遇》，看到 2017 年中國在海外的地產投資涉及金額達 439.8 億美元，但 2018 年以來卻減至 232.4 億美元（圖

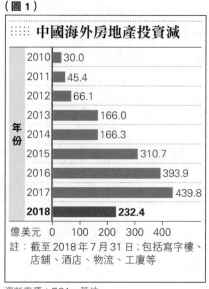

（圖 1）

中國海外房地產投資減

年份	億美元
2010	30.0
2011	45.4
2012	66.1
2013	166.0
2014	166.3
2015	310.7
2016	393.9
2017	439.8
2018	232.4

註：截至 2018 年 7 月 31 日；包括寫字樓、店舖、酒店、物流、工廈等

資料來源：RCA、萊坊

1），而投入至美國的房地產金額也在 2017 和 2018 年大跌（圖 2）。

不過，正如萊坊的報告主題《挑戰中，尋機遇》，投資致勝之道便是人棄我取，就如筆者獲傳奇企業家李兆峰邀請考察的美國侯斯頓，其經濟少受貿易戰影響，當時公布商業周期及經濟領先指標表現強勁（圖 3），地產發展興旺，以至當地工作職位增長達 3.8%，建造業職位增長達 27%！

「藏富於外」先掌握正確資訊

李兆峰對筆者表示，侯斯頓市鄰近中心房價僅香港 10 分之 1，數千萬美元已可購入數十層商住物業地盤，中資減少

投入美國，反而是發展良機，他在加州和侯斯頓已發展和計劃中的項目便有 10 多個，並會配合推出相關的投資移民（EB-5）計劃，相信對打算移民和投資美國的港人會有吸引力。

事實上，在香港樓價高企的情況下，樓市專家湯文亮早有「藏富於外，水向低流」的投資見解，筆者亦因應港人投資海外物業需求強烈，與地產基金經理楊書健合作完成一書《環球置業 最強天書》，其中的序言頗有參考價值，現摘錄部分如下：

「不要將所有雞蛋放在同一個籃子內，可說是投資的金科玉律。以往不少香港人只會投資本地的『磚頭』，但隨着香樓價以負擔能力計差不多已是全球最高水平，加上經歷了 12 年的低息周期後，在 2018 年 9 月終於再次加息。樓市雖然需求仍然旺盛，但是未來樓價走勢只會逐步放緩。在這情況之

（圖 2）

侯斯頓經濟表現強勁

侯斯頓領先指數*

商業周期指數#

*以 2005 年 5 月為基礎，基本值為 100
#以 1980 年 10 月為基礎，基本值為 100

資料來源：達拉斯聯邦儲備銀行

下，考慮投資海外地產屬明智且有分散風險作用。

對於地產項目的機構投資者，更最着意分散地域，例如英國郵政的退休金，就持有超過 20 億英鎊的商廈、商場等商業物業，散落在全球不同大城市。如此分散投資，主因是地產供求受限於距離。例如一旦投資興建了一幢商業大廈，就不能將大廈搬遷，只能服務因為當地經濟活動而產生的需求。就算售賣資產，再將資金投放到其他地方，需時亦往往以年計，不及股票債券等流動資產方便。

考慮海外地產的要訣，其實就是尋找足夠的資訊。各類投資會議和講座都是尋找資訊的良機。不過香港的海外投資之風極盛，旺季的時候，可能每周都有這類會議。如果投資者沒有自己的分析框架，只是人云亦云地吸收資訊，或會出現囫圇吞棗的情況。」

（圖 3）

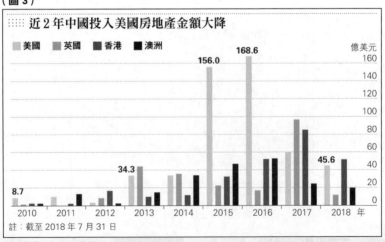

近 2 年中國投入美國房地產金額大降
■美國 ■英國 ■香港 ■澳洲
註：截至 2018 年 7 月 31 日
資料來源：RCA、萊坊

反對填海　變相支持地產霸權？

■ 2018 年 10 月 20 日

　　2018 年中本港樓價屢創新高之時，雖然大家都察覺到貿易戰愈演愈烈導致股市大跌，加之息口上升和政府推出「娥六招」後，發展商明顯加快賣樓步伐。但不少評論仍在說什麼「剛需」強烈，樓市難跌，不單減價盤大增，樓價指數也跌回「娥六招」前水平，成交萎縮，就連發展商面對罕有的優質豪宅地皮亦要忍手，山頂文輝道地最終「流標」收場。

　　雖然發展商開售新盤時被傳媒問及對後市看法，仍普遍會發表樂觀言論，不過「身體最誠實」，面對文輝道如此優質、可說是買少見少的豪宅地，發展商買地的「剛需」也突然消失。除了豪宅地招標失利，地政總署同年 10 月中公布，屯門藍地福亨村里蚊型住宅地只收到 3 份標書，據悉包括以獨資入標的信置（0083）及寶庭重建等，為自 2014 年大嶼山長沙地收到 2 份標書後，政府賣地收到標書最少的項目。

　　10 月 19 日公布的中原樓價領先指數，雖按周只跌了 0.1%，但主要反映大型屋苑的樓價指數（CCL Mass）卻按周急挫 3.33%，跌幅頗為驚人。「天生」看好後市的代理，中原以前線代理的信心調查制定的經紀人指數（CSI），不單連 50 水平的好淡分水嶺也失守，更連 40 也不保，反映連代理也變得悲觀。更值得注意的中原銀行估價指數（CVI），年中前曾

高見約 90，最新則跌至只有 30，反映現在買樓，更要小心
銀行因為變得審慎而隨時估價不足。

文輝道地流標　發展商「剛需」消失

　　雖然樓價似已開始調整，但仍處高位，近年香港樓價屢
創新高，令一般市民只能負擔愈來愈細的單位。原來新加坡
的新建樓盤也有趨於迷你的現象，以至當地政府要宣布推出
房屋新政策，因應該國的發展商興建愈來愈多 500 平方呎以
下「鞋盒單位」（shoebox unit），當局將限制新盤單位平均面
積由 700 餘平方呎，增加到至少 915 平方呎。隨即有聲音提
出：為何香港不可以跟隨？

　　香港發展商興建愈來愈細的單位，最大原因是樓價愈來
愈高，一般市民買樓和供樓的負擔能力有限，只能買銀碼較
小的細單位；另一原因是政府限制按揭，細單位所需的首期
也較少，市民較易上車。事實上，2018 年首 9 個月新盤以
1 房單位最好賣，售出率達 70%（**圖 1**）。然而，細單位銀碼
細，並不代表呎價較低，反因市場需求被扭曲至集中於細單
位上，以至近年單位愈細，呎價反而愈高，令市民買樓變成
「愈窮愈見鬼」。

　　另一方面，現在香港的一些劏房式新盤，個別實用面積
竟然只有約 100 平方呎，居住其中生活質素自然大大降低。
根據 2016 年香港中期人口普查統計，香港人平均居住面積
只有 161 平方呎，公屋住戶人均居住面積更只有 124 平方

（圖1）

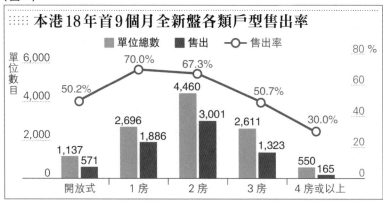

本港18年首9個月全新盤各類戶型售出率

資料來源：美聯

（圖2）

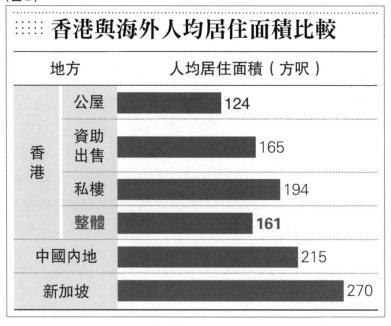

香港與海外人均居住面積比較

呎，就算是私人住宅也只有 194 平方呎，明顯低於新加坡的人均居住面積達 270 平方呎及中國內地城市的 215 平方呎（**圖 2**）！

其實，新加坡的所謂「鞋盒單位」，面積也接近 400、500 呎，已遠較香港的劏房式單位大。不過如香港跟隨新加坡要求，一定要發展商興建較大單位，如土地供應不配合，只會令單位供應數目大減，小市民可能更難上車。而最近政府宣布「明日大嶼」的填海計劃，如落實可令未來香港的土地供應大增，更可迫使現在的農地及棕地業主加快補地價和發展，令「遠水」和「近水」同時增加，有助進一步冷卻樓市，甚至令樓價明顯調整，一般市民便可購買較大的單位，但一些政客卻鼓動市民遊行反對填海，這不是變相支持地產霸權？

土地供應不足　卻反對填海

2018 年 10 月，香港有反對「明日大嶼」填海計劃的示威遊行時，筆者剛在美國考察當地樓市，並獲主人邀請參觀在洛杉磯的山頂豪宅。這名原居香港的朋友約 2 年前移居美國，當時賣了香港大角嘴瓏璽一個千餘呎的單位，套現所得竟夠買入筆者看到的數千呎山頂大宅，並大肆裝修，內裏設備對一般港人來說簡直匪夷所思！

這間豪宅不單面積大，單是廚房已有數百呎，並附有可泊數輛汽車的車房，兼有數百呎的私人健身室，數間生活和

起居大廳，偏廳可放鋼琴，更設有豪華私人家庭電影院！室外設有私人籃球場、私家游泳池，並將再拓展可養錦鯉的大魚塘，以及涼亭。因豪宅靠近山邊，朋友已入則建設如大峽谷的私家懸空玻璃環迴突出觀景走廊，所有的一切，在香港只夠買一個大角嘴的千餘呎單位。

說回香港樓價開始下調，相信和息口上升有一定關係，美國 10 年期債息已一度升穿 3.2 厘，不單明顯高過香港一般住宅略高於 2 厘的租金回報率，也開始超越香港商廈和商舖的租金回報率，並逼近香港的倉儲物業租金回報率（**圖 3**），如情況持續，則非住宅物業的後市也可能面對壓力。

（圖 3 ）

本港非住宅物業租金回報比較

寫字樓　　倉儲物業

商舖

2006　08　10　12　14　16　18　年

註：截至 2018 年第三季

資料來源：CBRE Research

經濟倘轉差 樓市調整才開始

■ 2018 年 10 月 27 日

　　2018 年 9 月，美國聯儲局再加息 0.25 厘，香港銀行只加了 0.125 厘，當時不少人仍說香港依然是低息環境，就算自貿易戰後股市跌了超過兩成，大家仍對樓市異常樂觀。但其實樓價指數已開始調頭向下，若經濟環境轉差，相信調整才剛開始。

　　在各種經濟數據中，一般人最怕的是失業率回升，但其實失業率可算是滯後數據，因如經濟轉差，老闆最先會做的是減省一些日常開支，又或降低加薪幅度，然後下一步是凍薪，再下一步是減人工或採取自然流失。到了要裁員，那已經是老闆最後一步棋了，所以一旦失業率真的明顯回升，代表經濟情況已極為惡劣，而且一開始裁員，通常都不會短時內便又再請人，因此失業率開始上升，便有一定延續性。

當失業率回升　反映經濟極惡劣

　　其實，不少經濟學研究指出，股市走勢往往領先經濟表現 6 至 9 個月，2018 年 1 月港股見頂至落筆之時，已有 9 個月時間，如貿易戰持續和息口續升，相信香港的實體經濟有可能在第 4 季明顯轉差。最近樓市氣氛也迅速逆轉，之前一些代理或發展商說股市下跌反而令資金流入樓市，相信了而

在高位追價買入，甚至要用高成數按揭或要靠「父幹」才可勉強入市的，現在可能開始感受到心理壓力。

龍頭代理行佣金大減　年底或裁員

正如上文，失業率乃滯後數據，如果要等失業率上升才識得驚，可能已經太遲。香港的失業率只是約 2.8%，仍處歷史低位（**圖 1**），但相信到 2018 年尾可能會開始上升。其實就算對樓市和經濟傾向唱好的代理行業，雖然公司和個體的持牌代理數據仍在歷史高位（**圖 2**），但龍頭代理之一的中原接受傳媒訪問時便說，截至 10 月 23 日，該公司 10 月佣金收入僅 8,500 萬元，較 9 月同期的 1.5 億元大跌 50%，並預計全月佣金收入約 1.5 億至 1.8 億元，較 9 月全月的 2.6 億

（圖 1）

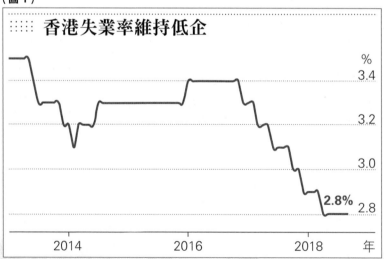

香港失業率維持低企

資料來源：政府統計處

跌 40%，業績有機會是自 2018 年 2 月以來首次「見紅」。中原的發言人續稱，公司每月保本線為 2.5 億元，即 10 月恐蝕 7,000 萬元；若 10 月佣金收入少於 2 億元，將是 2016 年 2 月以來的超過 2 年半新低。

更值得關注的是，原來同年首 10 個月，中原前線代理有 200 人「食白果」，未能促成任何生意。如果該批代理至年底仍未開單，有機會全數被解僱。

原來，之前所謂的「旺市」，已有不少代理無法開單，到了代理也要大規模裁員之時，大家覺得樓市仍可企硬嗎？

其實，前線代理有被裁員危機，自然是代理行對樓市看法轉趨悲觀。中原經紀人指數（CSI）是中原地產前線經紀的

（圖 2）

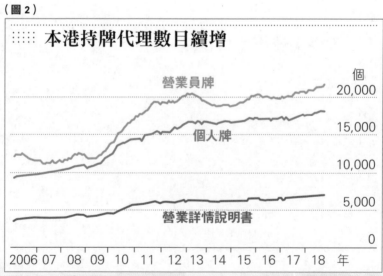

本港持牌代理數目續增

營業員牌

個人牌

營業詳情說明書

個
20,000
15,000
10,000
5,000
0

2006 07 08 09 10 11 12 13 14 15 16 17 18 年

資料來源：地產代理監管局

（圖 3）

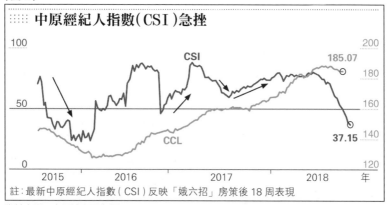

:::::: 中原經紀人指數（CSI）急挫

註：最新中原經紀人指數（CSI）反映「娥六招」房策後 18 周表現

資料來源：中原地產研究部

意見調查，每周一進行，周三公布，收集經紀們對當周市況的預期。100 點完全睇好，0 點完全睇淡，50 點是睇好或睇淡的分界。中原指出，2018 年 6 月初政府放風將推行空置稅，CSI 隨即由 80.75 點開始回軟，連跌 7 周共 10.06 點，當時跌幅輕微而溫和；其後土耳其里拉開始急挫，加上銀行調高 H 按封頂息率，CSI 跌幅開始擴大，由 72.56 點跌至 37.15 點，連續 11 周累跌 35.41 點，為 2015 年 8 月有紀錄以來最長的跌浪，也跌至 2016 年初的水平（**圖 3**），反映代理其實對樓市前景非常不樂觀。這也難怪，當自己也做不到生意，甚至可能快要加入失業大軍，又如何能樂觀？

前線代理信心轉弱　銀行估價趨審慎

中原除了公布廣為人知的樓價領先指數和上述經紀人指數，還有一個大家也應留意的中原銀行估價指數（CVI）。這個指數是中原地產根據每個中原城市指數成分屋苑，選取樣

本單位,調查主要銀行的估價變幅。每周調查銀行對樣本單位的估價,比對 1 個月前的估值,計算出估價的按月變幅,並逢周四公布結果。CVI 以擴散型指數方式計算,反映銀行對樓市的取態。100 點完全睇好,0 點完全睇淡,50 點是睇好或睇淡的分界。

2018 年 10 月中的 CVI 報 16.80 點,較上一周的 30.99 點下跌 14.19 點。CVI 跌穿 55 點好淡爭持上限後,指數持續急挫,近 3 周顯著累跌 38.67 點(圖 4),顯示受到中美貿易戰升級影響,全球股市波動,市場憂慮經濟放緩,銀行按揭取態急速降溫,本地樓市出現調整。中原相信 CVI 繼續向下尋底,挑戰 10 點以下水平,將會為樓價帶來較明確的下調信號。

大家都知道,銀行做生意最興「落雨收遮」,當樓價一跌給予的按揭估價也急降,現在買樓記得要鋤價,否則買了高價而銀行估不足價,隨時搞到要撻訂收場就唔好。

(圖 4)

中原估價指數(CVI)急跌

資料來源:中原地產研究部

空置稅惡性循環應驗

■ 2018 年 11 月 3 日

　　之前市場屢傳不少劈價成交以至地皮流標個案，但中原城市領先指數卻一直跌幅輕微，直至中原老闆施永青在 2018 年 11 月初突撰文轉軚看淡樓市，11 月 2 日公布的指數才按周出現 0.58% 的較明顯跌幅，引來市場熱議。不過，筆者聽到一種解釋，為何有關的樓價指數會落後形勢。

　　有高人對筆者表示，中原城市領先指數計算有一特色，就是會將計算屋苑的最高和最低的 10% 成交數據剔除，以免個別極端個案扭曲整體的數據表現，亦減少了數據的短期波動性。高人說，10 月成交萎縮，而劈價成交自然不少是所謂極端的最低 10% 成交，而計算指數時剔除了此等劈價成交，指數下跌速度自然減慢，而更有甚者，不少屋苑可能整個星期甚至多個星期都是 0 成交，就算業主狠狠劈價也找不到買家承接，而此等出現 0 成交的屋苑，在每周計算指數時會按有關屋苑上一次成交的價格計算，即等如以未跌的價格來計算指數，那指數自然更加滯後於轉跌的市況而看似慢跌。

樓價指數滯後　誤導市況

　　高人又指出，基於以上原因，當業主大幅劈價的盤源獲得承接以後，0 成交的屋苑便會錄得低價成交，樓價指數便

會追跌。而其實之前樓市乾升，也是在成交偏少的情況下，買家追不到價，以至樓價指數未反映，一旦貴價成交出現，指數便會跳升，而樓市既然可以乾升，自然也可以乾跌，小心往後樓價指數可以突然急跌，令大家大吃一驚！

説回中原施老闆轉軑看淡樓市，他是如此分析，由於貿易戰會長期化兼不利中國經濟，自然也會拖累香港的經濟和樓市，對樓市看法變得頗為悲觀，「我預期樓價要在經濟找到新出路之後，才有機會見底回升。因此，在這 3 年至 5 年裏，樓價的主趨勢仍會是向下回落；有時落得急的時候，或者會反彈一下；但即使有反彈，也難改一浪低過一浪的主要模式」。

施永青説貿易戰會不利中國的經濟，事實已在經濟數據開始反映，屬經濟領先指標的中國財新經理採購指數（PMI），10 月份報 50.1，和 9 月的 49.9 極為接近。如指數

（圖 1）

（明報製圖）

（圖 2）

中原CCL指數近6年走勢

183.70

2012　13　14　15　16　17　18　年

（明報製圖）

跌穿 50 反映經濟活動減弱，在 2013 和 2014 年，以至 2015 年都曾較長時間明顯低於 50（**圖 1**），而這 2 段時間香港經濟便也受拖累，結果呢，中原城市領先指數在 2013 至 2014 年一度停止升勢並輕微回落，而在 2015 年第 3 季起樓價指數更曾急挫約 13%（**圖 2**），如歷史重演，即受貿易戰影響而中國財新經理採購指數又再較長時間跌至明顯低於 50 以下，則剛開始的香港樓價調整還會延續較長時間，調整幅度也會較深。

施永青轉看淡　樓價要跌 3 至 5 年

施永青預期，香港樓價可能要跌 3 至 5 年，且希望能守住不要跌超過三成。其實如果樓市真的要調整 3 至 5 年，又或要跌三成，可能會很大件事，皆因近年不少人是透過財仔或發展商提供高成數按揭才可入市，不要説樓價掉頭長時間

下跌，只要不升，2 至 3 年後這些買家不能因樓價升了將手上物業轉按或賣掉。如息口繼續向上，過了高按初段只需低息的時間後，便可能要付 7 厘或更高的按揭息率，每月供款隨時為現時 3 倍，屆時或會掀起斷供收樓潮，而這些物業變成銀主盤後又會被銀主於市場以低價拋售，造成惡性循環。

說到銀主盤，令人想到負資產這個名詞，之前樓價長升，令香港的負產資連續消失了 7 個季度，令大家可能忘記了原來在 2003 年，當樓價由 1997 年高峰期大跌六成多，香港曾出現超過 10 萬個負資產家庭，要再過多 9 年多時間香港才出現零負資產，但之後每當樓價出現較明顯調整，香港便又間歇性重現負資產（圖 3）。

龍頭大行要炒「食白果」代理

雖然樓價才剛剛出現調整，但代理龍頭大行已吃不消，不單有龍頭代理行要炒掉「食白果」的前線代理，也有要求做不到生意的員工放無薪假，更有代理大行高層預料整個代理行業約有 5,000 人要失業，即每 4 個代理便有 1 個會離開這個行業。

之前不少評論說市場「剛需」（即實際需求）強烈，不怕加息，也不怕貿易戰，但原來只要樓價跌了 2%，成交已是慘不堪睹，大屋苑隨時超過 1 個星期沒有交投，一些新盤也開始只能賣出三至四成單位，連發展商投地皮也出現流標，又或地皮以低於市場預期下限三成或更多才賣得出……

「剛需」消失　新盤愈難賣

　　之前有說「娥六招」包括新樓空置稅是沒用的花招，但現在新盤開始滯銷，亦即貨尾會增加，以往有實力的發展商可以持有貨尾慢慢賣，甚至變成已入伙的現樓也不急賣，但空置稅推出，滯銷貨尾若是入伙後半年也未賣出，便要支付愈來愈重的空置稅，如此發展商便唯有減價也要清貨，亦即樓價愈跌，「剛需」愈不見，新盤愈難賣，貨尾愈增加，便愈要減價賣樓以避交空置稅……

（圖 3）

負資產住宅按揭宗數及樓價變化

註：數據截至 2018 年第 3 季

資料來源：經絡　　　　　　　　　　　　　　　　（明報製圖）

合資投地　減托市成本

■ 2018 年 11 月 10 日

樓價指數續跌且跌速有加快迹象，2018 年山頂地皮流標，之後成交的地價也開始回落，如啟德跑道區首幅住宅官地（第 4B 區 3 號地），地皮平均每呎樓面地價為 1.45 萬元，較同年 5 月新地（0016）投得的另一幅啟德非跑道地皮每呎近 1.78 萬元明顯為低。

當然，上述 2 地位置不同和樓市開始回落，地價未必可直接比較，但上一幅啟德地皮由新地獨資以 251 億多元投得，而今幅開標的地皮，卻是由新世界（0017）伙拍會德豐（0020）、恒地（0012）及由已故郭炳湘創立的帝國集團合力以 83.33 億元投得，成交的地皮金額連之前的 3 分 1 也不夠，卻要 4 個財團合資，平均每個財團出資約 20 億元，也在一定程度反映發展商取態變得審慎，不願冒承受太大投地金額的風險。筆者更有業界朋友說，用 20 億元投地如有托市作用，就算地價蝕一半也只是蝕 10 億，十分划算。

「悲情城市」其實是大票倉

樓價跌，發展商買地自然忍手，如手頭有貨，更怕供應增加，對政府提出的透過「明日大嶼」填海計劃以增加

1,700 公頃土地也難以支持。奇怪的卻是一些一直説樓價貴不利民生的政客，以諸種理由來反對，提出諸如計劃如「倒錢落海」的所謂理據。對此，民主思路聯席召集人宋恩榮、團結香港基金研究委員會會員王于漸等 38 名經濟學者早前聯署，稱明日大嶼是「上佳的社會投資」，政府財力「綽綽有餘」。

宋恩榮表示，「倒錢落海」、「燃燒儲備」等對計劃的批評不公允，發起聯署不是因有政黨和政府游説，稱這是作為經濟學者應盡之責，又説投資發展土地從未蝕錢，反而效益相當多。對於有人擔心出現經濟危機時如何應付計劃開支，王于漸説：「天要打風控制不到，若驚就不做，社會點進步？」

除了填海，社會有聲音説要收回粉嶺高爾夫球場來起樓。對此，宋恩榮表示，支持政府收回高球場，改由自行管理，「無理由長期補貼 2,000 多人繼續打高球」，但稱以該處土地作高密度發展是不切實際，因粉嶺距離維港 30 多公里，缺乏交通配套，只會變成「悲情城市」。

棕地農地收購價高過填海

聯署提到，按政府最新新界棕地或農地收購價，每平方呎最高達 1,350 元，政府還要為農作物和其他損失多付 25% 補貼，即近 1,700 元，比填海每平方呎 1,300 至 1,500 元的成本更高，如今連接市區與新界的交通走廊在繁忙時間已飽

和，如在新界建設新市鎮，一定要興建新的交通走廊連接市區。

宋恩榮認為於粉嶺高球場作高密度發展可能變成「悲情城市」，有朋友對筆者指出，宋可能不知道，對某些政客來說，「悲情城市」可以變成大票倉，愈多「悲情城市」愈好！

近三成人傾向認同自己是「樓奴」

說到「悲情」這2個字，在香港不少人會聯想到「樓

（圖1）

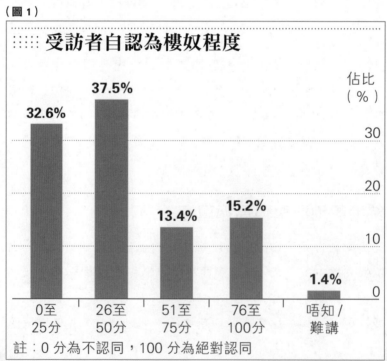

:::::: **受訪者自認為樓奴程度**

佔比（％）

32.6%　37.5%　13.4%　15.2%　1.4%

0至25分　26至50分　51至75分　76至100分　唔知/難講

註：0分為不認同，100分為絕對認同

資料來源：公屋聯會

奴」，一來樓價仍高，買樓不易，二來就算儲到首期買樓，也可能要供樓供到接近退休才供完，而儲首期和供樓初期都要節衣縮食，買樓變成了要做樓奴，若買了樓後樓價大跌，更是悲情。

公屋聯會完成了一項名為「香港樓奴指數」民調，是項調查於 10 月 11 日至 25 日期間進行，由真實訪員以電腦隨機抽樣電話訪問形式進行，對象為 18 至 45 歲、沒持有住所物業的香港居民，以了解他們對於住屋的意見，成功訪問了

（圖 2）

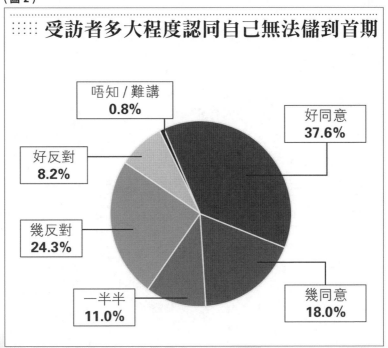

資料來源：公屋聯會

508 名受訪者。

　　民調的其中 1 條問題是：有意見指「樓奴」是被住屋問題綁死、被剝奪人生選擇及降低生活質素的香港人，那你認為自己是否樓奴（以 0 至 100 分由不認同到絕對認同，50 分即表示一半半）。結果 32.6% 受訪者給予 10 至 25 分，37.5% 給予 26 至 50 分，給予 51 至 75 分佔 13.4%，給予 76 至 100 分佔 15.2%（**圖 1**），即是說，接近三成受訪者傾向認同自己是樓奴（評分高於 51）。

（圖 3）

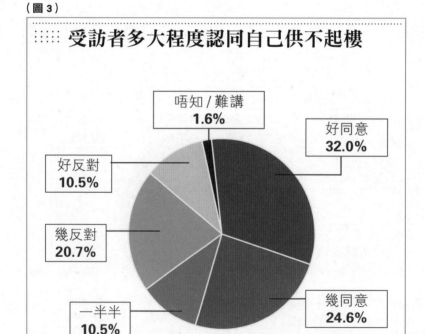

:::::: **受訪者多大程度認同自己供不起樓**

唔知 / 難講 1.6%

好反對 10.5%

幾反對 20.7%

一半半 10.5%

好同意 32.0%

幾同意 24.6%

資料來源：公屋聯會

　　其實，要當樓奴也不容易，有意買樓的被訪者中，有 37.6% 認為自己無論如何都儲不到首期（**圖 2**）；就算能付首期，認為一定都供唔起樓的亦佔 32%（**圖 3**）。

　　至於計劃儲錢做首期，最多人是打算每月儲 5,000 至 1 萬元（**圖 4**）。假設儲 1 萬元，1 年可儲 12 萬元，10 年可儲 120 萬元，大家認為 120 萬元夠不夠付首期呢？

（圖 4）

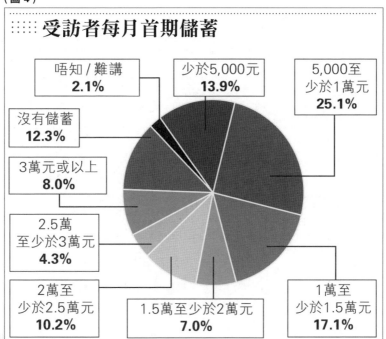

⋮⋮⋮ 受訪者每月首期儲蓄

唔知 / 難講
2.1%

少於 5,000 元
13.9%

5,000 至少於 1 萬元
25.1%

沒有儲蓄
12.3%

3 萬元或以上
8.0%

2.5 萬至少於 3 萬元
4.3%

2 萬至少於 2.5 萬元
10.2%

1.5 萬至少於 2 萬元
7.0%

1 萬至少於 1.5 萬元
17.1%

資料來源：公屋聯會

樓市急轉彎　新界迷你戶最危
■ 2018 年 11 月 17 日

　　2018 年 11 月 16 日，中原樓價指數報 180.4 點，按周跌 1.28%，為近年少有如此急勁的按周跌幅，指數在同年 8 月 6 日最高報 188.64 點，3 個多月以來累跌約 4.4%，但這一個星期便已跌 1.28%，反映樓價跌勢轉急。另一大行美聯公布的樓價指數也由高位累跌了 4.78%，其中該行的新界樓價指數更累跌了 6.6%，「跑贏」港島和九龍分別累跌 4.51% 和 5.41%，似乎今次樓市調整暫以新界物業最傷。

　　近年樓市的一個現象，乃是一些經濟能力較差而又想上車買樓的人，會選擇劏房式細單位或位置較偏遠的新界盤，當樓市一旦轉勢，最沒有防守力的便是這群買家，近期新界區樓價跌得相對較急便是這原因。相信稍後大家會發覺如樓市跌勢持續，另一重災區便是那些劏房式蚊型單位。

去年撻訂單位　中小單位為主

　　據美聯物業綜合《一手住宅物業銷售資訊網》資料顯示，2018 年（截至 11 月 13 日）推出的 36 個全新樓盤計算，單位總數合共 15,728 個，當中實際售出 8,145 伙，撻訂

單位則有 82 個，即撻訂比例約 1%。此 82 個撻訂單位共涉及銀碼約 6.7 億元，實際售出單位 8,145 伙則共涉及約 797.9 億元，撻訂金額比率約為 0.8%。

每售出100個單位　有1個撻訂

每 100 個售出單位便有約 1 個以撻訂收場，到底 1% 的撻訂率是高還是低，可説是見仁見智，筆者最感興趣的是，為何這些買家要撻訂？是看淡後市而要止蝕，抑或發覺當初入市是一時衝動後悔了，抑或因樓價轉跌或其他原因而上不到會，才被迫撻訂？

再看美聯的分析，若將該 82 個撻訂單位按銀碼劃分，逾 600 萬至 800 萬元佔最多，錄 34 宗撻訂，佔約 41.5%；其次為 600 萬元或以下，錄 25 個，即超過七成撻訂為 800 萬元或以下。至於逾 800 萬至 1,000 萬元有 12 個，佔約 14.6%；而逾 1,000 萬至 2,000 萬元及逾 2,000 萬元分別錄 7 個及 4 個，各佔約 8.5% 及約 4.9%。似乎，撻訂個案集中在中小型新盤，這是因為有關物業的售出量本就佔最多，抑或是中小型新盤買家入市時最衝動？

樓價急跌　買家印花稅個案反升

另外，市場出現另一個有趣的現象，就是樓價跌勢加快，但據税務局數據顯示，10 月份 3 大辣税包括買家印花税

（BSD）、雙倍印花稅（DSD）、額外印花稅（SSD），總稅收合共錄逾 28.59 億元，對比 9 月錄得 27.25 億元，按月上升 5%。

值得留意的是，10 月涉買家印花稅成交 371 宗，較 9 月 228 宗按月升 63% 外，亦是繼 1 月、5 月分別錄 430 宗、405 宗後，2018 年第 3 高紀錄；10 月買家印花稅款項錄 8.69 億元，比 9 月 6.12 億元按月升 42%，亦是繼 6 月、1 月分別錄 17.18 億、12.06 億元後，同屬 2018 年第 3 高**（圖 1）**。

內地資金憂經濟轉差　撤資赴港買樓

有分析指出，買樓要付 BSD 的不是投資者，便可能是來自內地的買家。如是者，為什麼內地買家在香港樓市轉跌之

（圖 1）

資料來源：稅務局

時，反而增加了入市的興趣？其中一個說法是，有資金在貿易戰下憂慮內地經濟轉差，先行撤資到香港買樓，近期中國外匯儲備減少（圖2），人民幣又再轉弱（圖3），都可以側面證明這種說法。不過如中國經濟真的將會大禍臨頭，大家認為香港樓市又可否獨善其身？

　　筆者的朋友 Dr. Ng 的第一本書《8014金融大爆破》，很多人看到書名都可能一頭霧水，其實，8014乃是將近代4個金融危機的年份數字加在一起，即1997+2000+2007+2010=8014，意為即將爆發或已開始的金融危機，殺傷力將等同上述4次危機的總和或更甚，而8014的諧音也可讀成「發完實死」。

（圖2）

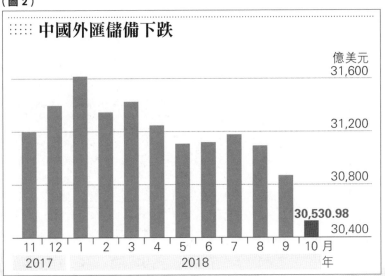

金融「審判日」港樓跌七成？

筆者數月前認識了 Dr. Ng，他並不是博士而是牙醫，但早靠投資或投機債券發了達，40 歲便已退休專心繼續投資，而因對債市熟悉，對息口特別敏感，數月前便認為全球量寬已到了埋單時候，息口會扯上，之前靠低息而催谷出來的資產泡沫將會相繼爆破，將會出現金融「審判日」，最近預測港股恒指會跌至 1 萬點以下，香港樓價更要跌七成。

綠置居勢再凍結私樓購買力

事實上，恒指已較 2018 年高位差不多跌了 9,000 點，樓市開始調整，筆者另一朋友湯文亮在《明報》發表的文章〈加息 1 厘 港人已捱唔住？〉，在明報財經網的瀏覽量排名第

（圖 3）

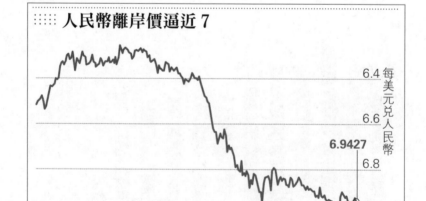

1，可見香港人其實對息口上升是十分關注的，所謂身體最誠實，並不如一些代理仍在吹噓加息沒影響。

說到代理，他們最近的話題是只要最新一期五二折居屋完成抽籤後，26 萬個向隅家庭的購買力便會回流私樓市場。不過，房委會去年初通過將綠置居計劃恒常化，其後公布並決定推售位於長沙灣東京街的「麗翠苑」，涉及共 2,545 個單位。消息透露，房委會建議以市價四二折推售單位，售價由 93.25 萬至 306.21 萬元不等，平均呎價為 6,243 元。若以綠表人士最低支付樓價 5% 作為首期款項推算，即業主首期最低只需約 4.7 萬元，就可購買今期最便宜的綠置居單位，消息未知又會否再凍結一大批的私樓購買力？

比特幣證樓價可低過「成本價」

■ 2018 年 11 月 24 日

2018 年 11 月 23 日，比特幣（Bitcoin）在歐洲早市最低曾跌至接近 4250 美元，較 2017 年底高位的 19,890 美元大跌近八成。早前已有報道指比特幣的價格已比「掘礦」需要的成本還低，同時有說法指比特幣的價格絕不會再跌，否則沒有人再去「掘礦」令供應自動減少，自然形成鐵底，這種說法已不攻自破！

比特幣價格可跌至低於「掘礦」成本，側面證明了早前有說發展商高價搶地，樓價絕不會跌低於買地和起樓的成本價的說法有多荒謬。如果可保證商品出售價格必定高於生產價格，那世上豈不是沒有蝕本生意？因只要商人將賣價訂於高過生產成本便可以。問題是你不減價，並不代表買家一定要買，最近便有內地發展商在港賣樓先以高價開盤，見勢色不對，未開賣便已增加各種優惠變相劈價，不排除稍後市場反應繼續欠佳，這家內地發展商會以低於成本價即蝕讓賣樓。

貨尾量錄 5 年新高

中原樓價指數繼續下跌，早已跌穿「娥六招」推出時水平。值得留意的是，「娥六招」推出後發展商不再「唧牙膏」式賣樓，而是最初先集中出售貨尾，以免樓盤入伙後半年仍

未賣出的貨尾被徵空置稅，以至新盤貨尾一度回落；但之後樓價開始下跌，新盤買家反而卻步，發展商在開售新盤雖較之前進取和將訂價調低，銷售量卻不升反跌，以至最近 2 個月新盤貨尾量急升。

需求急降「納米樓」最危

根據 Q 房網引述一手住宅物業銷售資訊網（SRPE）資料，統計自 2013 年一手新例生效後，開售中的 230 個新盤（已扣除終止銷售新盤項目），涉及 82,419 個單位，至 2018 年 11 月底已售出約 70,905 伙，整體售出比率達 86%。當中整體貨尾量連續 2 個月錄得雙位數升幅，9 月份急升 18.6%，10 月份升幅擴大至 20.8%，由 9,535 伙升至 11,514 伙，更創 2013 年新例生效後貨尾量新高。比率方面亦創今年新高，達 14%，反映整體餘貨增加（**圖 1**）。

另 Q 房網綜合屋宇署入伙紙資料，分別統計現樓貨尾及

（圖 1）

資料來源：Q 房網香港數據研究中心、一手住宅物業銷售資訊網

樓花貨尾。10 月份整體貨尾急升，主要受樓花銷售放慢影響。2013 年至 2018 年 11 月已開售、而未終止銷售新盤有 50 個屬樓花項目，涉及 23,665 伙單位，當中 29.5% 仍未售出，即 6,984 伙，比率亦跟隨整體貨尾走勢，連升 2 個月，創逾 2 年、26 個月新高。

　　REA 集團自 2012 年起每半年進行一次有關房地產市場前景問卷調查，已進行了 14 次。2018 年，該集團再委託尼爾森（Nielsen）於 10 月 12 日至 21 日以網上問卷形式，成功訪問了 1,002 名 18 歲到 65 歲的市民，雖然樓價有下調迹象，但仍然一直高企，普遍受訪者表示現時住宅物業價格與相對合理價錢仍有一段距離，問及他們要樓價跌多少才會考慮在香港買樓，得出結果是平均要求樓價下跌 35%，他們才會考慮在港置業（**圖 2**）。

（圖 2）

資料來源：REA 集團調查

受訪者：樓價跌35% 始入市

　　樓市就是這麼奇怪，當樓價不斷上升時，人們會覺得愈遲入市愈蝕底，但當樓價由升轉跌，人們便會愈跌愈怕買樓，現在說要樓價跌35% 才買，但當樓價真的跌了35%，相信大家又會改口說要跌夠50% 才合理，才夠膽買樓！

　　同時，調查亦發現「納米樓」需求大幅下降，只有13%（相比2018 年上半年的41%）的受訪者表示會考慮購買「納米樓」。其實，之前「納米樓」需求大，可能只因樓價過高負擔不起，才被逼要買銀碼較細的「納米樓」，如樓價回落，那不如買入較大較舒適的居住、面積較大的一般單位，所以如樓價繼續調整，「納米樓」因需求減少，其樓價跌幅可能特別慘烈。

　　還有居住「納米樓」的一群，應較多是年輕的單身客或年輕夫婦，但根據統計，香港的在職年輕人口有減少趨勢（圖3），對上車或對「納米樓」的需求或只會不斷減弱。

（圖3）

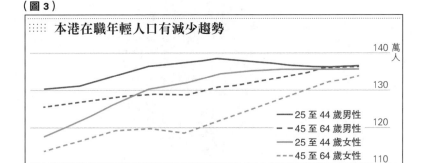

資料來源：香港人口普查及中期人口統計

調查建議居屋以「排」代「抽」

另「107 動力」委託香港大學民意研究計劃以隨機電話形式，成功訪問了超過 500 名 18 歲或以上的香港居民，調查發現有超過 60% 受訪者認為香港現時的認購居屋抽籤程序，應改為類似公屋的輪候制度（**圖 4**），令申請者可以掌握等候時間。負責本次調查的「107 動力」召集人何民傑指出：「有想上樓嘅年輕人可能好『黑仔』，抽 10 年都抽唔到居屋，如果改為輪候，就可以減低年輕人置業嘅『集體焦慮』，政府又可以預到居屋嘅需求量。香港其實無乜公共資源係靠『抽』去分配，『排』係合理過『抽』。」大家認同有關說法嗎？

（圖 4）

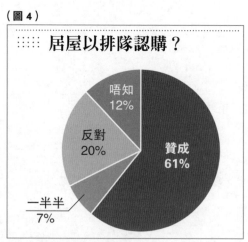

資料來源：「107 動力」調查

港息倒掛風險更大 小心衰退

■ 2018 年 12 月 8 日

　　2018 年 12 月初，反映二手樓市走勢的中原城市領先指數 CCL 連跌 10 周，創出最長連跌紀錄，當然有說指數約 2 個半月才累跌了 5.25%，而由 8 月最高位計也只是跌了 6.3%，不過這是平均數，其實根據戴德梁行統計，一些屋苑如沙田第一城的樓價，原來已較 8 月足足跌了 20%，而太古城也較最高位跌了 15% 有多。

　　戴德梁行更加指出，今次沙田第一城和太古城的樓價下跌速度，原來為有紀錄以來最急（**圖 1 及圖 2**）。大家應該記

（圖 1）

第一城樓價回落至 17 年 4 月水平

2015 年股市大跌
錄歷來第二大跌幅：跌 14.3%

2018 年 8 月報
19,500 點

2011 年歐債危機
錄歷來第三大跌幅：跌 13.3%

2018 年貿易戰
錄歷來最大跌幅：**跌 20%**
12 月報 **15,600 點**

指數
20,000
15,000
10,000
5,000
0

2004　06　08　10　12　14　16　18　年
註：設 1999 年 1 月為基點 100

資料來源：戴德梁行

得，數月前不少評論還對股市早已大跌不以為然，對政府推出包括空置稅的「娥六招」嗤之以鼻，更説什麼「剛需」強勁，幾可對任何利淡因素抗衡，不過筆者也早説所謂剛需可以話變就變，絕不可靠。

第一城太古城樓價跌速歷來最急

其實，如頭腦冷靜便知香港樓價確已過高，香港可能追落後加息，供應在增加，再加上中美爆發貿易戰，樓價調整乃是必然，那些説什麼樓市零泡沫，又或假跌的言論，聽聽便算，問問那些倡導零泡沫或假跌、叫人安心高追買樓的「高人」，究竟這幾個月有沒有高追入市？相信會得到十分有趣的答案。

（圖2）

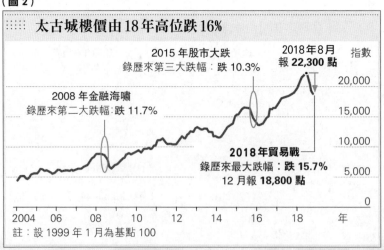

::::: **太古城樓價由18年高位跌16%**

2015年股市大跌
錄歷來第三大跌幅：跌 **10.3%**

2008年金融海嘯
錄歷來第二大跌幅：跌 **11.7%**

2018年8月
報 **22,300 點**　指數

2018年貿易戰
錄歷來最大跌幅：跌 **15.7%**
12月報 **18,800 點**

2004　06　08　10　12　14　16　18　年
註：設1999年1月為基點100

資料來源：戴德梁行

筆者最近與人稱「樓神」的長實（1113）執董趙國雄，以及樓市 KOL 湯文亮博士一起飯敍，大家談起對樓市最新看法，樓神便說現在和湯文亮的看淡脗合，認為貿易戰不會輕易解決，對經濟的不利影響會愈來愈明顯，樓價也會繼續調整，一些樓盤尤其納米樓更可能要跌足三成。

　　言猶在耳，翌日信置（0083）便以屯門價開售觀塘新盤首批單位，訂價較之前東九龍啟德的新盤價足足低了三成，樓神可說是開口中。他還說 2017 年公司已覺得樓市不對路的加快賣樓，足足套現了 500 多億元，創了歷史紀錄。其實，長實何止賣了大量住宅，還以 402 億元售出持有的 75% 中環中心權益，現在擁有大量現金的穩坐釣魚船。

　　說到信置以低價每呎 1.7 萬元開售觀塘新盤，該公司同一時間亦公布投得大嶼山地皮，每呎樓面地價也要 1.7 萬多元，乃歷來大嶼山第 2 貴地，市場隨即議論紛紛，說為何觀塘盤賣大包，在大嶼山卻以高價搶地？

信置大嶼山買貴地　助促銷觀塘盤

　　有朋友分析，觀塘樓盤單位數以百計，涉及金額數百億元以上，要在跌市清貨開價自然要克制，而大嶼山地皮金額只是 2 億餘元，就算買貴了，日後要蝕也不會蝕多少，卻可以營造大嶼山離島地價也要 1.7 萬元，觀塘市區地鐵盤也只是賣 1.7 萬元，是否更抵買？

近期樓市出現調整，大家都擔心如果息口向上，會是更加不利，但其實就算息口向下，也不一定是有利經濟、股市和樓市，就如 12 月 4 日美股道指大跌 800 點，同一時間美國息債也是明顯走低，而當時竟出現美國的 5 年期和 3 年期債息同低於 2 年期債息的倒掛現象，有說這才是觸發美股大跌的真正原因。

美經濟倘衰退　港股樓同受影響

一般而言，長債息都應該高於短債息，因長債還款期長，涉及風險較高，自也應收取較高息率，但若長債息竟也低於短債息，便可能是市場預期過了一段時間後經濟會明顯轉差，所以不願借長錢去長期投資，則便可能出現經濟衰退。

不過，市場一般會以 10 年期債息會否低於 2 年期債息的倒掛現象為指標，現在雖然美國 5 年期債息已低過 2 年期和 3 年期債息，但 10 年期債息仍略高於 2 年期債息 0.123 厘，只是這樣窄的息差也可隨時變負數而出現倒掛，而過往統計顯示當美國 10 年期和 2 年期債息出現倒掛，一般 1 至 2 年後便會出現經濟衰退。如美國經濟真的衰退，則就算中美的貿易戰解決，中國的出口和製造業也未必有得益，甚至繼續受壓萎縮，而以香港經濟和中國經濟的密切關係，中國出了事，大家認為香港的股市和樓市可不受影響嗎？

與美息比　港長短息差更窄

　　當然，也會有人說美國的事相當遙遠，那香港又如何？如看看香港的孳息曲線，雖然較 6 個月和 1 個月前的孳息曲線明顯下移，看似長息向下似是好事，但香港的 10 年期和 2 年期息差只有 0.093 厘，較美國更窄，即孳息曲線更平坦（**圖 3**），那是否香港較美國更容易出現 10 年期債息會低過 2 年期債息的倒掛現象，即較美國更容易出現衰退？如此，香港的業主和物業投資者，可能要更加小心！

（圖 3）

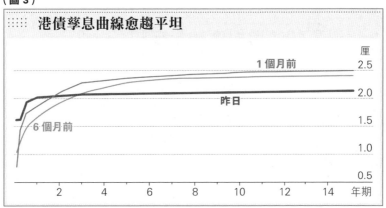

晚舟事件 加樓遭殃？

■ 2018 年 12 月 15 日

孟晚舟事件，能否視作中美貿易戰下的「城門失火，殃及池魚（加拿大）」？主要反映香港二手樓價的中原城市領先指數 CCL 在 12 月 10 日一周再急跌 0.69%，雖較 8 月中高位累跌 7%，但和一年前比較仍升近 8%。相比之下，加拿大溫哥華的獨立洋房價卻按年跌了 8.5%（**圖 1**），為 2009 年尾以來錄得的最大跌幅，溫哥華的多層住宅樓價也同樣按年錄得跌幅（**圖 2**），朋友湯文亮說孟晚舟被補，有可能令歐美的豪宅價格再急挫。

（圖 1）

溫哥華洋房樓價按年變幅

資料來源：REBGV、Steve Saretsky

（圖 2）

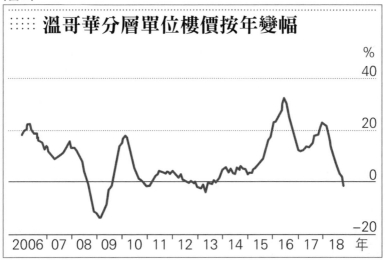

::::: 溫哥華分層單位樓價按年變幅

資料來源：REBGV、Steve Saretsky

買「保險」隨時變犧牲品

事實上，近年不少歐美豪宅由華人買起，孟晚舟事件反映，原來華人富豪在美國、加拿大和歐洲可以隨時出事，特朗普說若有利貿易談判和國家利益，可隨時介入事件，更予人聯想到一些華人將資金調往這些國家原意是為買個保險，卻原來可能隨時成為政治犧牲品，這樣他們還會繼續在西方國家大肆置業？

湯文亮上述的分析對否要留待日後驗證，而說到湯文亮，股評人周顯就胡應湘家族日前提議以每股 38.8 元代價私有化合和實業（0054）作出分析，指出 2016 年由湯文亮任行政總裁的紀惠集團，以逾 4.2 億元購入灣仔皇后大道東胡

忠大廈高層全層，當時成交呎價約 1.5 萬元，創了該廈呎價新高。周顯認為，湯文亮向來是精明的 budget buyer，這些年來執了不少平貨，因而發了大財，他怎會用破天荒的高價買胡忠大廈呢？其中一定原因，相信是因為在 2021 年前後，合和中心 2 期即將落成，合和中心 1 期和胡忠大廈翻新，再加上皇后大道東 153 號和 QRE，這個地區將會變成比太古廣場 3 期大上好幾倍的超級商務及娛樂中心。周顯估計，在胡忠大廈翻新之後，湯文亮的這筆投資可以賺到 1 倍以上的利潤。

合和私有化倘失敗　可低吸

説回合和的私有化出價，較之前的收市價 26.45 元高出約 47%，之後合和股價裂口急升，在約 32 至 35 元之間徘徊，反映市場不太相信私人化會成功，據基金經理林少陽表示，截至 2018 年 9 月底止，合和每股資產淨值約 60 元，當中約每股 9.5 元為淨現金，即私有化作價較資產淨值折讓約 35%，扣除淨現金，折讓高達 42%。

筆者有興趣的是，為何合和會突然建議私有化，其出現大幅度的資產折讓已存在多年，為何會選擇現時進行私有化？筆者覺得，合和現在提出私有化，主要是希望在合和中心 2 期落成和附近物業完成翻新前，在市場仍未完全折現該區物業的升值潛力前出手。如此，如合和私有化不成，股價也會回落，可候低吸納，或在該區的物業市場尋寶。

合和近年的股價表現失色，在提出私有化計劃後才急彈，而另一隻地產股信置（0083）之前幾年也跑輸其他地產股，到了近 2 個月因為開售觀塘的凱滙才大有起色。信置 12 月 13 日開售首批凱滙，售價每呎約 1.7 萬元，較之前啟德新盤低約三成，但如往後樓盤能以此水平售清，以當初地價只約 5,000 元計，信置仍可賺得龐大利潤。該股在 12 月升至接近 2018 年初高位，筆者早前在《明報》財經網的淘寶圖節目曾推介這隻股票，如讀者有買入，等同自製年尾花紅。

美加息降溫　仍防港追加

聯儲局在 12 月底前又再議息，由於早前聯儲局主席鮑威爾指利率已接近「中性」，所以如今次美國在年底再加息，往後再加息的機會也會大減。而 2019 年 1 月結算和 2020 年 1 月結算的聯邦基金利率期貨差距大幅收窄（**圖 3**），也反映美國 2019 年的加息速度和幅度預期急促降溫。不過，香港銀行拆息卻連續 14 日上升，並升至 10 年新高，就算美國加息降溫，香港也可能會隨時追落後加息。

助子女買樓　也要還首期

花旗銀行公布的置業意向調查顯示，過去 10 年有做樓宇按揭的受訪業主當中，4 分 1 要靠「父幹」或「祖父幹」資助來支付買樓的首期，若僅計算 21 至 34 歲的「千禧世代」，比例更是高達六成。另外，長輩資助買樓人士中，56% 未曾償還過任何資金，有償還部分的亦只有 21%。

筆者也有朋友資助子女置業，但在出資時已訂明要分10 年將首期金額歸還給父母，原因是要令子女是知道儲錢置業不是輕鬆的，而借錢是有責任還的。更重要的是，雖然還首期會加重負擔，卻可避免日後樓宇升了值後，子女胡亂加按，加按會加重供樓款項，連同要還給父母的，子女便會慎重考慮，以免加按以後最終變成銀主盤，父母當初資助的首期也要打水漂。

另外，花旗半年前同類調查顯示，當時 69% 受訪者認為未來 12 個月樓價會上升，現在只有 18% 覺得未來 12 個月樓價仍會升，而半年前僅有 9% 受訪者認為未來 12 個月樓價會跌，現在則升至 57%（**圖 4**），可見樓市信心這回事，可以話變就變。

（圖3）

2019年1月與2020年1月
聯邦基金利率期貨息差

最新報：0.245 厘　厘

（圖4）

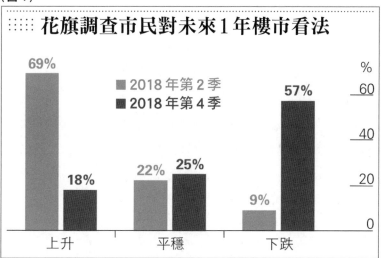

花旗調查市民對未來1年樓市看法

■ 2018年第2季
■ 2018年第4季

資料來源：花旗銀行 2018 年市民置業意向調查

小心2019年樓價租金互相拖累

■ 2018 年 12 月 22 日

　　早前有代理老闆說當 2018 年 11 月 29 日新居屋抽籤完成後，由於有超過 20 萬申請家庭會因抽不到而回流私樓市場，調整中的樓市便會見底，而 12 月 21 日公布的中原城市領先指數（CCL）卻按周再跌 0.48%，連跌 12 周共 6.36%，是 2008 年 11 月之後的最長跌浪。中原指出，計算 CCL 的交易當中，有逾七成半在 2018 年 11 月 26 日至 12 月 2 日簽臨時買賣合約，如隨後一周 CCL 繼續跌，則似乎抽不到新居屋的購買力仍未見積極回流。

　　其實，上一次新居屋完成抽籤後，政府隨即又宣布會有下一批低折扣公營房屋推出，那麼今次抽不到的，可能又會繼續等下一次大抽獎，就算有回流，不久信置（0083）即又以「屯門價」賣市區新盤，那些向隅的購買力又即被一手發展商搶走。之後信置的觀塘盤加推也不加價，如往後其他發展商繼續鬥低價開盤搶客，樓市便會出現螺旋式向下壓力，即買家愈觀望，一手樓愈要低價開賣，那買家愈不心急入市，因寄望稍後有更低價更吸引的新盤推出，發展商便愈發每一次開盤都要比上一次更低價⋯⋯

發展商鬥低價開盤　增樓市下行壓力

本來樓價跌了，如租金可以保持，租金回報率便會被扯高，可增加買樓的吸引力。可是近期租金也開始向下，筆者的同事統計，2019 年首季會有近 5,000 個私人住宅單位入伙，為近 2 年最多，估計到時租盤供應也會增加，同時需求卻在減弱。最近美股大跌，也源於大家預期美國經濟轉弱，這樣不用貿易戰，其對海外的商品及服務需求也會降低，如此對中港經濟也會造成壓力，香港打工仔來年的加薪應難樂觀，在傾租約時也難爽手，小心今年租金和樓價會同時向下，互相拖累。

本來不少人期望美國聯儲局於 2018 年 12 月底就算會加息，也會大事放鴿，誰知卻表示 2019 年仍會加息 2 次，導致全球股市受壓，而主席鮑威爾更說聯儲局不會受政治影響。聯儲局今回加息之後，聯邦基金上方利率已經上升至 2.5 厘，但美國的 10 年期債息率跌穿了 2.8 厘，一度低見 2.75 厘，兩者的息差收窄至只有 0.25 厘（**圖 1**）。若 2019 年聯儲局再加 2 次息，除非美國 10 年期債息回升，否則便會出現聯邦基金利率這個短息高過長債息的孳息倒掛現象，反映市場預期極大可能出現經濟衰退，如此，對全球的經濟、金融市場以至樓市肯定會造成衝擊。

政府同年 12 月中公布《長遠房屋策略》2018 年周年進度報告，更新長遠房屋需求推算，下一個 10 年期總房屋需求

為 44.5 萬個住宅單位，因而將供應目標定於 45 萬個單位。政府指出，供應目標較 2017 年的 46 萬個單位減少 1 萬個，最大的原因是住戶數目的增長較前年的估算少 12,300 個單位。其實，香港人的生育率正在下降，而近年來港移居人士的增長也開始放緩，如趨勢持續，香港的房屋居住需求高峰期也將會過去，只要政府能堅持搵地起樓，如「明日大嶼」的填海計劃能落成，將來香港住宅供不應求的情況隨時可能變成供過於求。

生育率移居人數減　需求高峰期將結束

政府的長策進度報告又提及，未來公私營房屋新供應比例由 6 比 4 改成 7 比 3，有發展商隨即回應指這會變相令私

（圖 1）

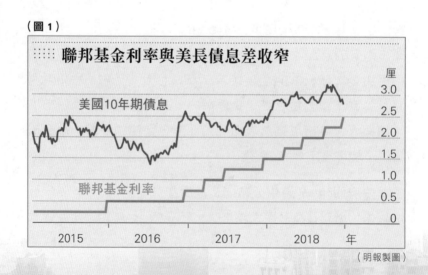

（明報製圖）

人住宅實際供應量減少，或會更進一步刺激私宅樓價上升。不過，如看一看新加坡，當地包括組屋的公營房屋佔總供應高達九成或以上，但樓價卻遠遠低於香港，而當地的人均 GDP 卻一早高於香港，便可證明私樓比例降低，樓價不一定會飆升，最重要是整體的供應量是否足夠。

要知道，近 20 多年新加坡透過填海造地，大大增加了國土面積約兩成有多，令當地差不多沒有土地供應不足的問題，而近 10 年香港差不多停止了填海，在發展新界又受到諸多阻撓，開發郊野邊陲差不多是犯了天條，實際供應緊絀，那就算維持私樓比例在 40%，也於事無補。

如果「明日大嶼」能落實和加快填海造地，管他較高比例是建造公營房屋，只要未來供應大增，則公營房屋也會搶去私樓客，有阻令樓價平穩甚至回落。

辣招收緊按揭　無助打工仔上車

過去一段長時間，由於搵地起樓並非一時三刻可以做到，所以政府傾向以遏抑需求為主導，其中包括收緊按揭和各種辣稅，只會令一般打工仔更難上車，買樓反而成了富人「專利」，結果未上車的更難上車，原已有樓的人繼續買樓如「集郵」，而數據顯示，香港擁有自置居所家庭比例，現已跌至近 30 年最低（**圖 2**），為政府近年房策的最大失誤。

　　政府之前的辣招，基本上只減少了交投，大大打擊了代理的生計和生意，如龍頭代理行美聯（1200）的股價，便較 2007 年的最高位差不多跌了九成（**圖 3**）。值得留意的是，美聯早前公布，集團主席黃建業計劃以每股 2 元，向合資格股東收購 5,744 萬股或 8% 股權，涉資 1.15 億元，收購價較公布前最後 1 個交易日（12 月 19 日）收市價 1.56 元溢價約 28.21%。交易完成後，黃建業持股量將由原來的 27.07% 增加至 35.07%。通告表示，要約須得到證監會同意方可作實。

　　朋友之間對美聯大股東以溢價增持股份作討論，有說是美聯股價過殘，值得吸納，也有認為樓價下跌，可能促使政府減辣，如此樓市成交必然大增，有利代理業績，或許黃建業真的收到風政府會減辣？

（圖2）

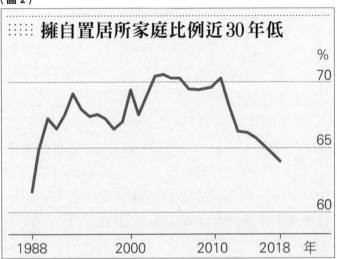

擁自置居所家庭比例近30年低

資料來源：政府統計處、彭博　　　　　　　　　（明報製圖）

（圖3）

美聯股價自2007年挫近九成

（明報製圖）

港樓價或如美股「追跌」

■ 2018 年 12 月 29 日

　　2018 年最後一次公布的中原城市領先指數報 174.37
點，雖然比年頭 1 月 1 日公布的 165.59 點仍高出約 5.3%，
但卻比 8 月 6 日公布的最高位 188.64 點低約 7.6%，反映樓
價在最後 5 個月的下跌速度或幅度都比頭 7 個月上升時快和
急，如將中原樓價指數如股市繪成年線圖陰陽燭，會發現後
市偏淡的信號。

　　大家都知道，股市和樓市關切密切，不同地方的股市和
樓市，就算走勢相似，都可以不同的變化和速度，就好似美
股和港股，在 2018 年 6 月中，港股可說已確認跌勢，恒指
開始一浪低於一浪地急插，但美股反而向新高進發，當時美
國總統特朗普更以此來吹噓自己發起貿易戰正確，理據是中
港股市大跌而美股上升，但到了 10 月中港股市開始企穩並反
彈，美股卻見頂並追跌逾 20%（**圖 1**）。

發展商較小業主先知先覺

　　美股和港股的相互走勢，似也在恒指和中原樓價指數中
出現。同年 1 月恒指先見頂，但樓價指數卻似全不受影響繼
續升了一成多，至 8 月才見頂轉跌（**圖 2**），如恒指和樓價指

(圖1)

美股向港股追跌

美國標普 500 指數

香港恒生指數

相對表現

110
105
100
95
90
85

1　2　3　4　5　6　7　8　9　10　11　12　月
2018 年 年

註：指數表現經標準化，以 2017 年 12 月 29 日為基礎日，基本值為 100

(圖2)

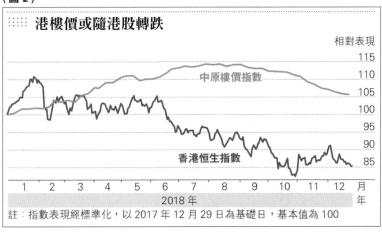

港樓價或隨港股轉跌

中原樓價指數

香港恒生指數

相對表現

115
110
105
100
95
90
85

1　2　3　4　5　6　7　8　9　10　11　12　月
2018 年 年

註：指數表現經標準化，以 2017 年 12 月 29 日為基礎日，基本值為 100

數，複製美股及港股的走勢，便要小心往後香港樓價會出現
向港股追跌的現象。

相對樓價下跌，發展商似乎較一般業主更先知先覺，就

如 12 月底開標的一幅啟德跑道地皮，由中國海外（0688）以 80.3 億元投得，每呎樓面地價僅約 1.35 萬元，不單止較 11 月高銀金融投得的另一幅啟德地皮每呎樓面地價約 1.55 萬元為低，較新地（0016）在 7 月時投得同區最高地價每呎達 1.77 萬多元低出接近 4 分 1。發展商不單投地變得審慎，開售大型新盤更是重量不重價，如信置（0083）便以屯門價開賣觀塘凱滙，反映去貨心切。

公營房屋吸購買力　私樓價未必升

　　發展局公布新一季賣地計劃，僅涉及 3,950 伙，即 2018 年度僅涉及 13,850 伙，除遠低於 2017 年歷史高峰逾 2.4 萬伙外，亦是自 2010 年度 1.22 萬伙後的 8 年新低，並僅達標 1.8 萬伙約 77%。局長黃偉綸指出，原本全年可達 1.5 萬伙，但因 9 幅私宅地皮轉為公營房屋，原本可達至 1.8 萬伙的 83%。固然，將一些私人住宅轉為公營房屋，會令私宅供應減少，不過當建成公營房屋後，也會將部分原打算買私樓的客人搶去，所以未必會因此推高樓價。同樣道理，雖有代理指一些人不願在樓價跌時入市買樓，改為先租樓住而會推高租金，從而有穩定樓價作用，不過這些去了租樓住的家庭，便也減少了買樓的需求。

市場主流預期 19 年美不再加息

　　所以，每樣事物皆有正反兩面可作思考，就如息口的變化，12 月美國聯儲局再加息後，一度傳出美國總統特朗普

要炒掉聯儲局主席鮑威爾，令到美股大跌，更在平安夜錄得歷來最大的跌幅，可幸當美國在假期後復市道指卻又大升逾5%，從利率期貨顯示，市場預期 2020 年 1 月聯儲局議息時，市場主流預期聯儲局其時的聯邦基金利率會維持和現在相同水平（**圖 3**），即市場預期 2019 年聯儲局不會再加息。樂觀地看，美國不再加息，自然有利股市和樓市，但反過來看，美國停止加息，便可能預示實際經濟正在轉弱，才怕再加息會打擊經濟、股市，以至樓市。

（圖 3）

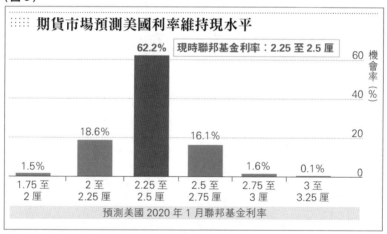

一般人對樓市的分析，多只會留意住宅市場的變化，但其實如寫字樓的租務市場，也頗能反映商業機構對經濟前景的看法。仲量聯行的《香港地產市場觀察》報告指出，香港甲級寫字樓租務需求持續放緩，由於租賃需求未能追上租約屆滿所騰空的樓面，租務市場於 12 月錄得負 58,700 平方呎的淨吸納量。

港商廈現負吸納量　反映看淡經濟

仲量聯行指出，儘管現時僅有小量甲級空置樓面重投租務市場，但數字反映租賃需求於近月有放緩迹象。尖沙嘴、港島東及九龍東租務活動受惠於遷離核心區的趨勢所帶動，重投租務市場的樓面最少，但如羅氏大藥廠據悉便承租九龍灣富通中心全層共 12,600 平方呎樓面，計劃遷出銅鑼灣。

另外，中環寫字樓市場租務交投也見呆滯，空置率則仍然低企。因此，可供租戶選擇的寫字樓局限於即將到期和已退租的樓面。11 月錄得的其中一宗大型租務成交為 Jane Street Capital 承租中環遮打大廈半層樓面，涉及 9,200 平方呎，作擴張之用。

仲量聯行研究部主管馬安平表示：「受經濟持續不明朗及加息風險等因素影響，寫字樓投資市場交投呆滯。由於投資者對租金回報率的要求提高，加上業主叫價未見回軟，相信交投低迷的趨勢於短期內將會繼續。」

樓價高住得差
一半年輕人想移民

■ 2019 年 1 月 5 日

　　《漢書‧元帝紀》：「安土重遷，黎民之性；骨肉相附，人情所願也。」當中「安土重遷」的意思是大部分人都是喜歡留在長久居住的地方而不會輕易想搬遷，不得已才興起遠走他方的念頭。然而，香港中文大學亞太研究所公布的民調卻顯示，香港竟有多達 34% 的受訪者想移民或打算移居外地，而當中年輕人（18 至 30 歲）的受訪者，想移居外地的比例更高達 51%。

　　上述研究是在 2018 年 12 月 11 至 17 日透過電話訪問 708 位 18 歲以上的受訪者得出統計結果，而一個地方是否多人想移民離去，可看作是「用腳投票」，若上述調查確實反映了港人真正普遍想法，便可視為對香港本地確實不滿，才會有 3 分 1 的港人不再「安土」，年輕人更有約一半是寧願遠走他方，為政者能不深思？

　　其實，筆者早前和知名地產經理楊書健合著的《環球置業 最強天書》銷售不俗，而由《亞洲週刊》主辦的環球置業博覽會更是整日爆場，便可側面印證確有不少港人想到他方找出路。我們又看看，促使想離開香港移居他方的主要原因為何，原來首 5 位（**圖 1**）分別為：

（一）香港政治爭拗太多 / 太煩 / 社會撕裂嚴重（25.7%）；

（二）香港居住環境擠迫 / 居住環境較差（25.7%）；

（三）香港政治不民主 / 不滿意政治制度（17.4%）；

（四）香港樓價太高 / 生活指數太高 / 物價太高（17.4%）；

（五）不滿中央政府 / 中央政府獨裁 / 對中央政府沒信心（14.9%）。

　　上述 5 大原因，由於（1）和（2）的百分比相同，而（3）和（4）的百分比亦相同，則也可歸納為香港居住環境擠迫 / 居住環境較差，以及香港樓價太高 / 生活指數太高 / 物價太高，屬最前列的 2 大不滿香港而想離港的最重要非政治原因。可以説，若政府搞不好房屋政策，不能提供更多住宅供應和更好的居住條件，以及令樓價可回復至較合理的水平，社會怨氣也難平抑下去。

房屋政策搞不好　社會怨氣趨重

　　另調查顯示，明確表示有移民目的地的市民中，以樣本數人數計算，前 3 位最多人提及的外地主要吸引因素為：「居住環境較寬敞」（35%），「空氣好 / 污染少 / 寧靜 / 環境優美」（22.3%），「自由 / 人權情況較好」（15.6%），而以該處樓價較容易負擔 / 置業較容易為移理由則佔 7.8%，以該處生活指數較低 / 物價較低則佔 6.7%（**圖 2**）。

　　那什麼國家或地區是港人最想移居的地方？原來依次

(圖 1)

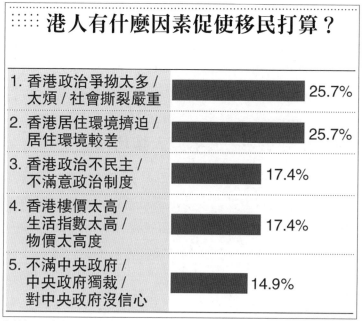

港人有什麼因素促使移民打算？

1. 香港政治爭拗太多 / 太煩 / 社會撕裂嚴重	25.7%
2. 香港居住環境擠迫 / 居住環境較差	25.7%
3. 香港政治不民主 / 不滿意政治制度	17.4%
4. 香港樓價太高 / 生活指數太高 / 物價太高度	17.4%
5. 不滿中央政府 / 中央政府獨裁 / 對中央政府沒信心	14.9%

資料來源：中大香港亞太研究所

為：加拿大（18.8%）、澳洲（18%）、台灣（11.3%）、新加坡（5%）、英國（4.2%）、新西蘭（3.8%）、美國（2.9%）、日本（2.5%）、北美（1.7%）、東南亞（1.7%）（**圖 3**）。

　　既然香港樓價貴和居住擠迫是令人想移民的重要原因，政府便應加大力度搵地，市民也應認清香港土地供應不足的問題，不要輕易受政客唆擺而去阻止可以增加土地供應的方法。

用了 1 年多時間而終公布的土地供應專責小組報告，進行的意見收集，當受訪者被問到是否支持發展更多土地作為儲備，以改善居住面積及應付未能預見的需要時，84.3% 的受訪者表示「非常支持」（29.9%）或「支持」（54.4%），只有 10.3% 表示「不支持」（8.8%）或「非常不支持」（1.5%）。

增中期土地供應　逾半港人撐填海

既然大多數市民都贊同要支持發展更多土地，但地從何來？報告指就有關中長期土地供應選項作回應時，最多受訪者選擇的選項是「於新界發展更多新發展區」，有 78.4% 的受訪者選取了這個項目。其餘的選項按遞降的歡迎程度依次為「利用岩洞及地下空間」（65.9%）、「發展香港內河碼頭用地」（65.0%）、「維港以外近岸填海」（61.1%）及「發展東大嶼都會」（58.3%）。相對最少人揀選的中長期選項是「發展郊野公園邊陲地帶 2 個試點」（52.7%）（**圖 4**）。

以上結果反映，雖然不少環保團體或政客反對填海造地，甚至說這猶如變相「倒錢落海」，但其實在維港以外近岸填海，支持度高逾六成，而就可行性及規模而言，透過填海來取得大量土地相對其他方法更可行，似乎填海會是必然選擇的方案之一。

2019 年 1 月初，多家大型代理不滿信置（0083）的觀塘新盤只給予 1.7% 佣金而大興問罪之師，雖然發展商和代

（圖 2）

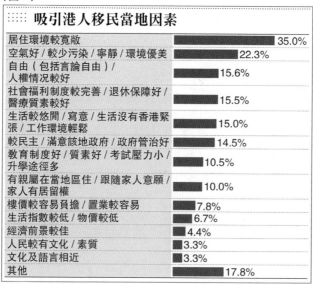

吸引港人移民當地因素

居住環境較寬敞	35.0%
空氣好 / 較少污染 / 寧靜 / 環境優美	22.3%
自由（包括言論自由）/ 人權情況較好	15.6%
社會福利制度較完善 / 退休保障好 / 醫療質素較好	15.5%
生活較悠閒 / 寫意 / 生活沒有香港緊張 / 工作環境輕鬆	15.0%
較民主 / 滿意該地政府 / 政府管治好	14.5%
教育制度好 / 質素好 / 考試壓力小 / 升學途徑多	10.5%
有親屬在當地區住 / 跟隨家人意願 / 家人有居留權	10.0%
樓價較容易負擔 / 置業較容易	7.8%
生活指數較低 / 物價較低	6.7%
經濟前景較佳	4.4%
人民較有文化 / 素質	3.3%
文化及語言相近	3.3%
其他	17.8%

資料來源：中大香港亞太研究所

（圖 3）

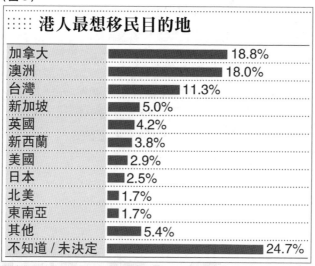

港人最想移民目的地

加拿大	18.8%
澳洲	18.0%
台灣	11.3%
新加坡	5.0%
英國	4.2%
新西蘭	3.8%
美國	2.9%
日本	2.5%
北美	1.7%
東南亞	1.7%
其他	5.4%
不知道 / 未決定	24.7%

資料來源：中大香港亞太研究所

理很快便達至「和解」，有條件地將佣金提高至 2%，但有關事情已廣為社會所議論，亦予大眾更關注原來新盤盛行「回佣」。

佣金惹爭議　反推升發展商股價

　　有趣的是，雖然信置在 1 月 2 及 3 日備受責難，但股價卻在 1 月 3 日大升 4% 以上，更在 1 月 4 日創了半年多的新高，一來是美息這 2 天向下有利地產股，二來所謂負面消息，反令投資者更留意信置股票而發覺其賣樓將勁賺。所以，投資一定要有逆向思維，才會有跑贏大市的成績。

（圖 4）

⫶⫶⫶⫶⫶ 6個中長期發展土地選項支持度	
於新界發展更多新發展區	78.4%
利用岩洞及地下空間	65.9%
發展香港內河碼頭用地	65.0%
維港以外近岸填海	61.1%
發展東大嶼都會	58.3%
發展郊野公園邊陲地帶兩個試點	52.7%

資料來源：土地供應專責小組

作者　　　　　湯文亮、陸振球

出版經理　　　林瑞芳

責任編輯　　　蔡靜賢

編輯　　　　　車匙

封面　　　　　李錦興

內頁美術設計　陳逸朗

出版　　　　　明報出版社有限公司

發行　　　　　明報出版社有限公司

　　　　　　　香港柴灣嘉業街18號

　　　　　　　明報工業中心A座15樓

電話　　　　　2595 3215

傳真　　　　　2898 2646

網址　　　　　http://books.mingpao.com/

電子郵箱　　　mpp@mingpao.com

版次　　　　　二〇一九年三月初版

ISBN　　　　　978-988-8525-59-1

承印　　　　　美雅印刷製本有限公司